小故事中的
理财智慧

领悟人生智慧
拥有快乐人生

Zhihui Rensheng
Congshu

Xiaogushi Zhongde Licai Zhihui

本书编写组◎编

世界图书出版公司

广州·北京·上海·西安

图书在版编目（CIP）数据

小故事中的理财智慧/《小故事中的理财智慧》编写组编.—广州：广东世界图书出版公司，2009.11（2024.2 重印）
ISBN 978－7－5100－1214－3

Ⅰ. 小… Ⅱ. 小… Ⅲ. 财务管理－青少年读物 Ⅳ.
TS976.15－49

中国版本图书馆 CIP 数据核字（2009）第 204898 号

书　　名	小故事中的理财智慧	
	XIAOGUSHIZHONG DE LICAI ZHIHUI	
编　　者	《小故事中的理财智慧》编写组	
责任编辑	康琬娟	
装帧设计	三棵树设计工作组	
出版发行	世界图书出版有限公司　世界图书出版广东有限公司	
地　　址	广州市海珠区新港西路大江冲 25 号	
邮　　编	510300	
电　　话	020-84452179	
网　　址	http://www.gdst.com.cn	
邮　　箱	wpc_gdst@163.com	
经　　销	新华书店	
印　　刷	唐山富达印务有限公司	
开　　本	787mm×1092mm　1/16	
印　　张	10	
字　　数	120 千字	
版　　次	2009 年 11 月第 1 版　2024 年 2 月第 13 次印刷	
国际书号	ISBN　978-7-5100-1214-3	
定　　价	48.00 元	

承袭故事与寓言中的智慧衣钵

许多年以前，美国重量级拳王吉姆在例行训练途中看见一个渔夫正将鱼一条条地往上拉，但吉姆注意到，那渔夫总是将大鱼放回去，只留下小鱼。吉姆就好奇地问那个渔夫其中的原因。渔夫答道："老天，我真不愿意这样做，但我实在别无选择，因为我只有一口小锅。"

亲爱的读者，你有没有想到，这个故事也许是在讲你呢！如果你不相信自己，就只能画地自限，将无限的潜能化为有限的成就。不管你是否留意过，小故事、小寓言总是这样让我们有所感悟，并悄悄地改变我们的态度和想法，改变我们的行为，甚至改变我们的人生。充满智慧的故事与寓言永远是我们人生的引领者。

古人懂得将智慧的灵光埋藏在故事里，他们用简

短而动人的故事和寓言抓住人心，让人们自己去发掘其中的金矿，领悟人生的智慧。这种形式流传千年，今天，我们仍可以从《伊索寓言》中看见智慧的闪光，拉封丹智慧的声音也依然萦绕耳边。在这些不断被发现、创新的宝藏中，我们的精神得到了滋养，我们的心灵得到了净化。哲学家、思想家及诗人长久以来都视智慧为人类生存的工具，智慧的含义不但包括了我们今日所说的审慎，而且还意味着对自我与世界成熟、理智的认知能力。

通过阅读一篇隽永的故事或寓言，能够使读者有所感悟，锻炼一种生存能力，是我们编辑本书的主旨。本书中的每一则小故事都发人自省、启人深思。不但有助于我们处理日常生活中偶发的困难情况，而且许多故事和寓言具有的伟大的智慧理念，将帮助我们进一步了解自我及人类的本质，由此领悟更多的人生哲理。许多故事已经过数百年的世代传承，历经时间的锤炼也沉淀了时代的智慧。在每一则故事或寓言中，我们附以精彩的格言，这些都是最贴切的提示，有画龙点睛之妙。本书部分的解读至情至理、丝丝入扣，是对故事或寓言的完美诠释。

本书不但可以作为父母教育孩子的蓝本，使孩子在开始他们的人生之前，就能够了解随之而来的欢喜、挑战与责任，而且更适合每一个成年人阅读，成年人可以在重复阅读这些故事时提醒自己并纠正自身行为的偏差。我们真诚地希望这套书能给大家带去欢乐与启迪，希望这些美妙的故事能帮助每一个阅读本书的人了解智慧对生命的价值，获取前行的动力并因此感到满足。

让我们走进书中的世界，去寻找智慧的金块吧！我们始终铭记着：用智慧武装的人生，才是胜利者的人生！

编　者

目　录

智慧人生丛书
ZHIHUIRENSHENGCONGSHU

购买时光

> 时间是一切财富中最宝贵的财富。
>
> ——德奥弗拉斯多

在富兰克林报社前面的商店里，一位犹豫了将近一个小时的男子终于向店员开口问道："这本书多少钱？"

"1美元。"店员回答。

"1美元！"这人又问，"你能不能少要点？"

"它的价格就是1美元。"没有别的回答。

这位男子又看了一会儿，然后问："富兰克林先生在吗？"

"在，"店员回答，"他在印刷室忙着呢。"

"那好，我要见见他。"这个人坚持一定要见富兰克林。

于是富兰克林就被找了出来。这个人问道："富兰克林先生，这本书你能出的最低价格是多少？"

"1美元25分。"富兰克林不假思索地回答。

"1美元25分？你的店员刚才还说1美元呢！"

　　"这没错，"富兰克林说，"但是，我情愿倒给你 1 美元也不愿意离开我的工作。"

　　这位男子惊异了。他心想，算了，结束这场由自己引起的争论吧。他说："好，这样，你说这本书最少要多少钱吧？"

　　"1 美元 50 分。"

　　"怎么又变成 1 美元 50 分？你刚才不还说 1 美元 25 分吗？"

　　"对。"富兰克林平静地说："我现在能出的最好价钱就是 1 美元 50 分。"

　　这位男子默默地把钱放到柜台上，拿起书出去了。这位著名的物理学家和政治家给他上了终生难忘的一课：对于有志者，时间就是金钱。

智慧隽语

　　我们在购买东西所付出的其实并不是金钱，而是时间。我们时常会说："再过 5 年，我就能储到足够的钱买那幢度假屋了。那时候我便可以放松一下。"这就是说那座房子要花掉你 5 年时间。

　　你不妨把房子、汽车或其他东西的金钱价值转换为时间，再看看它是否值得。有时你能做你想做的事情，或立刻拥有你想要的东西，就是因为每件事都需要付出或多或少的时间。说"花时间"并非只是个比喻，现实生活的确是这样运作的。

　　我们的一生不过是一个不断购买和不断销售的过程。看起来我们购买和销售的物品很多，但是一切物品归根结底最终都可以合算为"占有时光"——我们购买别人的时光，销售自己的时光。我们唯一的财富，就是我们拥有一生的时光，生命是一个渐渐消失的量化指标，每一

次报晓的雄鸡长鸣，我们的财富就又减少了一点，许多人不成功，是因为他本身就是一个"浪费时间因素"。衡量一个人成功的标准就是在一个标准的时光销售过程中，你赢得或创造了多少价值，这个量变的曲线，能清清楚楚描绘出你生命的价值，它也是你存在的证明。

天赐的财富

在健康上花的钱永远值得。

——约翰·韦伯斯特

有一对父子在河边散步，父亲突然不小心脚下一滑跌入河中，因为他不会游泳，就在水中一边挣扎，一边拼命喊"救命！"他的儿子也是个旱鸭子，所以，不能下水救父亲。

这时，刚好从对面走来一个人，儿子急忙央求他说："我父亲跌入水中了，请你救救他。"这个人看了一眼在水中挣扎的人，说："如果我下去救人，我的衣服一定会湿掉，只要你肯付100元赔偿衣服湿掉的损失，我就答应救他。"

按常理，一般人应该会说："不管付多少钱都没关系，只要你赶快救他！"

但是，这儿子却说："100元太贵了，70元如何？"竟然和这个人讨价还价起来。

最好笑的是，听到儿子的话，已经快溺死的父亲，却在河中大声喊道："什么，你这个败家子，千万不能付那么多，就给他50元！"

儿子听了父亲的话，就对来者说："你都听到了，能不能减成50元呢？"

这个人看了这种情形，感到啼笑皆非。

"既然你这么说，你还是去找给50元就愿意下水的人吧！"说完便拂袖而去。于是那位父亲就活活地溺死了。

不管平时多么节俭，也要有必须使用的钱，这就是用在生命或健康受到威胁的时候。

什么东西对自己最有价值？毫无疑问，当然是生命和健康。如果拿生命和健康做代价，不管存多少钱，都将血本无归。

在健康上花的钱永远值得。这句话值得我们反复咀嚼。那些不愿接受治疗的人，往往认为自己的健康不值得操心。有时我们也会认为，别人的健康要比自己的健康重要得多，因而舍不得为自己花钱去付健康保险费。不过，我们最好改变我们的态度。要保证得到良好的心理、生理、精神和感情等方面的健康，就得靠钱。如果我们能够将花钱看病这个说法颠倒过来，把"花掉一大笔钱"说成"我买回了一大笔钱"，我们就会发现这笔钱里面的一部分就是上天恩赐的良好的健康。

出人意料的遗嘱

> 人类最大的快乐不在于占有什么，而在于追求什么的过程。
>
> ——本 生

一位富商，英年早逝。临终前，见窗外的市民广场上有一群孩子在捉蜻蜓，就对他四个未成年的儿子说："你们到那儿给我捉几只蜻蜓来吧，我许多年没见过蜻蜓了。"

不一会儿，大儿子就带了一只蜻蜓回来。富商问："怎么这么快就捉了一只？"大儿子说："爸爸，我是用您送给我的遥控赛车换的。"富商点点头。

又过了一会儿，二儿子也回来了，他带回来两只蜻蜓。富商问："你这么快就捉了两只蜻蜓？"二儿子说："不，我把您送给我的遥控赛车租给了一位小朋友，他给我3分钱，这两只蜻蜓是我用两分钱向另一位有蜻蜓的小朋友租来的。爸爸，您看这是那多出来的1分钱。"富商微笑着点点头。

不久老三也回来了，他一共带回来10只蜻蜓。富商问："你怎么捉了这么多蜻蜓？"三儿子说："我把您送给我的遥控赛车在广场上举起来，问，谁愿玩赛车，愿玩的只需交1只蜻蜓就可以了。爸爸，要不是

怕您着急，我至少可以收 18 只蜻蜓。"富商拍了拍三儿子的头。

最后回来的是老四，他满头大汗，两手空空，衣服上沾满尘土。富商问："孩子，你怎么搞的？"四儿子说："我捉了半天，也没捉到一只，就在地上玩赛车，要不是见哥哥们都回来了，说不定我的赛车能撞上一只落在地上的蜻蜓。"富商笑了，笑得满眼是泪，他摸着四儿子挂满汗珠的脸蛋，把他搂在了怀里。

第二天，富商死了，他的孩子的床头发现一张小纸条，上面写着：孩子，我并不需要蜻蜓，我需要的是你们捉蜻蜓的乐趣。

智慧
隽语

追求快乐是人的基本需求，我们通常因认识上的差别而产生不同的理解，不同的追求方法。有的人完全被浮华的现实所迷惑，忘记了"知足者常乐"的原则，总是难以生活在快乐之中，似乎生活对不起他，除了钱以外就没什么能够让他兴奋起来，这样的人大概是听不懂这则故事里的寓意。

一旦我们把快乐与金钱搅和在一起时，就如雨中观山、雾里看花一样，视线模糊，任你怎么揉搓眼睛，总是觉得看不真切。而实际上，快乐与金钱之间并没有必然的联系，否则我们就没办法理解古人有什么快乐，没办法理解汉代"穷士"范丹一生穷困潦倒何以被称为"士"，没办法理解李白"千金散尽"为一壶美酒的豪兴。

快乐的原则就是被压抑的愿望得到满足时的感觉，因此我们也可以说，人的愿望当然不只是金钱需求一种，快乐也就不仅仅是拥有金钱财富时才能产生的。拥有亲情、友情、爱情，培育爱好、事业、健康，学会理解、宽容、助人，你就能做到没有钱也觉得快乐，你就是一个很富有的人。

为拥有而拥有

> 财富并不属于拥有它的人，只属于享用它的人。
>
> ——富兰克林

从前有个富翁，他对自己的地窖和窖藏的葡萄酒非常自豪。窖里保留着一坛只有他才知道的、某种场合才能喝的陈酒。

州府的总督登门拜访，富翁提醒自己："这坛酒不能仅仅为一个总督启封。"

地区主教来看他，他自忖道："不，不能开启这坛酒，他不懂这种酒的价值，酒香也飘不进他的鼻孔。"

王子来访，和他同进晚餐。但他想："区区一个王子喝这种酒过分奢侈了。"

甚至在他亲侄子结婚那天，他还对自己说："不行，接待这种客人，不能抬出这坛酒。"

一年又一年，富翁死了。像橡树的籽实般被埋进了地里。

下葬那天，陈酒坛和其他酒坛一起被搬了出来，左邻右舍的农民把酒统统喝光了。谁也不知道这坛陈年老酒的久远历史。

对他们来说，所有倒进酒杯里的仅是酒而已。

与之相对应，一位记者曾讲过这样一件事：

这位记者曾采访过钢琴大师鲁宾斯坦，临别时大师送给他一盒上等雪茄。他表示要好好地珍藏这一礼物。钢琴大师告诉他："不要这样，你一定要享用它们，这种雪茄如人生一样，都是不能保存的，你要尽量享受它们。没有爱和不能享受人生，就没有快乐。"

金钱不也正如这美酒和雪茄一样吗？如果我们只知囤积而不知享用，金钱对于我们又有什么价值可言？当然，节约的念头，必须常常放在心里，以便约束挥霍。但是同时我们所作所为要与身份相称，不要专做表面文章，最起码的衣、食、住、行，不可过于节省。如果为了节俭，连应有的生活乐趣也一概免除，那就失去节约的意义了。还有，客人来访时，也不可过于节省，令人对你产生吝啬之感。住处也要有基本的设备，不可忽略整齐清洁和通光透气的原则。

任何美德，执行过度都会令人不悦。节约也要有个限度，要在很自然的境况下实施，如果节省到不合情理的地步，连最起码的生活需要都来个七折八扣，那就不是节约，而是吝啬了。

金钱和朋友

财富不是朋友，而朋友却是财富。

——斯托贝

一个富人有 10 个儿子。当他快要死去时，他郑重地向他们宣告，他有 1000 个金币，他会分给他们每人 100 个金币。

然而，随着时间推移，他失去了一部分钱，只剩下 950 个金币了。他给了上面的 9 个儿子每人 100 个金币，对最小的儿子说：

"我只剩下 50 个金币了。其中，我还得拿出 30 个来作为丧葬费。因此只能给你 20 个金币。但是我有 10 个朋友，我把他们告诉给你，他们要胜过 1000 个金币。"

富人把最小的儿子托给了他的朋友们。不久以后，他就死了，被埋葬了。

富人的 9 个儿子各自走了，最小的儿子慢慢地花着留给他的那些钱。当他只剩下最后一个金币时，他决定用它来招待父亲的 10 个朋友。

他们和他一块儿吃了喝了，然后互相说道："所有弟兄中他是唯一仍然关心我们的一个，他这么好心好意，我们也应该有所报答。"

于是，他们每人给了富人的小儿子一头怀着崽的母牛和一些钱。等到牛犊生下，他把它们卖掉，用那些钱做生意。上天赐福，他比他的父亲更富有。

于是他说："确实，我父亲说得对，朋友比世界上所有的钱都更有价值。"

智慧
物语

一颗钻石固然会垂诸永恒，但是作为它的主人，你能够把它拥有到几时？在这个不停地成长着的宇宙里，还有许多东西是永垂不朽的，这真引人遐思，使我们产生无限向往和理想，这是我们心灵源泉的神圣指导。那些奇迹的力量，及心灵的力量，轮番出现在我们四周，倾听我们的差遣，并为使我们获得最高利益提供一切帮助。它们可以信任、它们可以依赖。

当我们长大进入社会，目睹了生活中许多大人物，他们的自尊心十分脆弱，以致唯有靠礼物和财产才能使他们活下去。所以我们就依样画葫芦，依靠花钱来使别人对我们产生深刻的印象，并且往往花钱去购买友谊。我们不能察觉到朋友的美好，也不能乐观地发现朋友要比金钱更加可贵。其实朋友所有的丰富和热情只供我们享用——只要我们需要，随时都可以为我们所享用。

金钱并非是真正友谊的重要组成部分。用金钱买来的关系是建立在沙上的，金钱一旦消失，它就成了历史。有时候，我们的友谊和我们的业务关系相互重叠，只要金钱不让人用做操纵友谊的工具，就能使双方

既享受友谊的乐趣，又得到财务方面的利益。操纵、垄断、妒忌或猜疑都有害于友谊，我们能够避免这些情况，只要不让我们的财务状况影响我们的友谊。我们能够以真实的自我对待朋友，并为朋友所对待，无论我们有、还是没有财物。

购买来的关系

不要用礼物购取朋友，因为当你停止给予，友情就会消失了。

——福 莱

一位轻率鲁莽的青年，继承了一大笔遗产，在几个酒肉朋友的怂恿下，今日请客，明日送礼，不久便把遗产挥霍一空，变成了一个一文不名的穷光蛋。而最使他不堪忍受的是当他有求于那些朋友的时候，他们纷纷悄然离去。

青年无法，便去请教朱哈："我为朋友花光了所有的钱，也失去了所有的朋友，今后可怎么活啊？"

朱哈说："不必忧愁，事情总会好起来的。忍耐吧，幸福就会回到你的身边。"

青年兴奋地说："你是说我会重新发财？"

朱哈说："不，不，不是这个意思。我是说你会习惯这无钱无友的生活！"

智慧
隽语

你是不是经常问自己这样的问题：

是不是应该请他吃饭？

是不是一定得把钱花掉来增进我们之间的感情？

送一件礼物能不能有所补救？

如果我花得更多的话，他会不会高兴？

花钱去维持一个毫无发展的关系，就好像任凭它被风吹走。花钱去购买承诺或者感情，是永远无法满足的。事实上，这也是不可能做到的，因为一旦没有了钱，关系也就与之一起消失。

请再问问你自己，你有没有足够的能力，能让你过独立的生活，而不至于处在一个畸形的关系之中？为了使自己感到好受一些，是否一定得在你的身上或朋友身上花点钱？一件礼物会不会有所补救？重要的是，我们得把金钱和礼物使用在使自己感到快乐而不是痛苦的地方，这会有助于给你带来宁静和安详，并提升自我价值感和安全感。

财富是知道你要什么

一位大商人，他有 150 只驮货的骆驼，还有 40 名仆人听他的吩咐。

一天晚上，他邀请一位朋友——萨迪，到他家做客。整整一夜，这位大商人不停嘴地说起他的问题、他的麻烦和事业上的激烈竞争。他谈到他在土耳其和印度的财产，谈到他所拥有的土地的名称，还取出珠宝让萨迪欣赏。

"萨迪啊，"他说，"我马上要出门再去做一次买卖，等这次旅行回来，我可要好好休息休息了。我早就想休息休息了，这是我一直以来最想做的一件事了。我想做的事还有把波斯的硫磺贩运到中国，我听说在那儿硫磺很值钱；然后我要把中国的瓷瓶运往罗马。我的船再装上罗马的货物到印度，从那儿我把印度的钢运往土耳其，我再装上镜子玻璃运往也门；最后我把天鹅绒运回波斯。"虽然面带忧伤，可他仍滔滔不绝地向萨迪宣布他的计划，而萨迪则抱着怀疑的态度在听。"等干完了以后，我就要过一种平静的生活，我要认真思考反省我的生活，这就是我

的思想的最高目标。"

　　许多人以为财富是"拥有"自己想要的东西。可是我们发现，相当多的人已经有了他们想要的东西——或者，至少他们说过想要有的东西——而"仍然"不觉得自己富有。他们想要更多的东西，只是不知道这"更多"究竟指的是什么。

　　他们有一张购办单——单子上通常从"100万元"列起，接着是这个，这个，这个，这个，这个，然后，您还没累的话，一点那个。他们——套用这个世纪造出来的一个荒谬的词儿——想"无所不有"。

　　"所有"这个词实在太多了，而我们这辈子年光有限。我们可以有我们想要的任何东西，却无法拥有我们想要的一切。

　　知道自己要什么——不是知道别人认为什么对你最好，不是知道家人对我们的期望，也不是我们的文化为我们限定的东西，而是知道自己真正要什么：这才是财富的一个最重要的层面。

　　心灵的欲求有了清晰的轮廓与定义，并且知道自己正在每天朝它前去，会给你带来一种满足感与安稳感，一种金钱也买不到的感受。

　　知道自己要什么，还有个好处，就是，得到它的时候，你会知道你得到了——然后，可以庆祝一番。这庆祝，当然就是财富。

石头钱

> 财富实际上空的，它的价值存在交换中，当它和我们不发生联系时就毫无用处。
>
> ——约翰逊

19世纪在太平洋卡罗莱群岛中的一个小岛上，岛民们用开采出来的石头当钱。这种石头的直径从1英尺到12英尺不等，每块石头的中心都钻了一个洞，可以用木棒从这个洞穿过去来搬运这些非常重的石头。

岛上的居民将这种石头钱叫做斐，有些石头是从离这个小岛400英里的另一座小岛开采出来的。这种石头是洁白的，纹理细密的石灰石。如果石头的质地符合要求，那么石头的大小就是决定其价值的最重要的因素。由于许多石头都太大了，不能方便地在岛上运送，因此就导致了当地斐钱的独特交易。当钱的所有权已转移时，真正的那块石头仍待在原地。斐钱的上一个所有人只需发表一个口头声明，说钱已经易主了。新的所有人甚至不在石头上做一个任何形式的记号。这块石头也许仍待在上一个所有人那儿，但每一个人都知道它已经被易手了。岛民们通常

用椰子、烟草、成串的珠子来当做斐钱的硬币。

1898年，德国政府从西班牙手中夺得了卡罗莱群岛。这座小岛上当时没有路，而那些羊肠小道的情况实在糟糕，因此岛民们被命令改进道路状况。然而，历代以来，岛民们已习惯于踯躅在这些小道上，肩膀上摇摇晃晃地扛着用杠子穿起来的斐钱。他们不需要，也不想改进这些小道。

面对岛民们的消极抵抗，德国当局琢磨了很长时间，怎样才能强迫他们执行呢？德国人想，岛民们的财富，也就是斐，散布在岛上的各个地方，要把它们全部没收，可就费大工夫了。即使这些石头全都能被搬动，把它们放在哪儿呢？最后德国人出了一个诡计。他们派出了一个人，这个人拎着一罐黑色染料在岛上四处转悠。在那些斐上，他画上一个小小的黑十字。他做的就是这些。

然后，德国人宣布，这些小黑十字意味着这些石头不再是钱了。这座小岛的岛民们被一个油漆刷子剥削得干干净净，一文不名。岛民们立即动手来改善道路。当他们完成了工作时，德国当局非常满意，他们又派出了另外一个人，让他去把那些斐上黑十字去掉并宣布那些石头又是钱了。岛民们因恢复了财产而欢欣鼓舞。

智慧
隽语

除了在斐上刷上油漆又把油漆弄掉导致了岛民们一悲一喜以外，岛上什么也没有变。德国当局的聪明之处在于，他们认为斐价值的有无由他们的想法所决定。这使他们立即战胜了岛民们，因为他们认为斐有价值，它就有价值；他们认为斐什么也不是，它就一钱不值。

我们很少想到，在我们的头脑中，我们人为地赋予了金钱多么大的力量。我们只是意识到，没钱就觉得受约束，有钱就感到腰板挺直。然而如果不是我们自己在头脑中将钱的力量夸张扩大，钱真的是没有什么力量可言。金钱本身从来没有建起过一幢大楼，制造过一件产品，抢救过一次生命，或提出过精明的投资建议。尤其在现今的社会中，钱只是毫无价值的纸片——真的是毫无价值，除非我们给它价值。

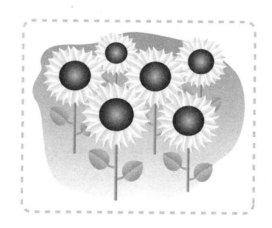

米达斯的金手指

> 有价值的东西只有对懂得价值的人才有意义。
>
> ——普劳图斯

　　米达斯国王一直都是被作家们描绘成狂热喜爱金子的人。在南森尼尔·霍桑对这个故事的再创作中，米达斯国王既爱金子又爱他的女儿——金玛丽。不幸的是，米达斯国王将这两种爱纠缠在一起，并渴望能给女儿留下世界上从不曾有过的一大堆金子。米达斯国王不再喜爱花朵（除非这朵花是金的），对音乐也失去了兴趣（成堆的金币在一起叮当作响的声音除外）。他整天钻在昏暗的地下室，在他的金子中傻子般地陶醉，对自己窃窃私语着他的快乐。

　　一天，一位英俊的陌生人出现在地下室中。米达斯国王一定是动了脑筋，他居然猜到这位容光焕发的青年一定是位神。很快这位来访者就了解到米达斯国王并不满足于比世界上任何人都有钱。"那么，"这位好心的陌生人问道，"什么能使你快乐呢？"米达斯国王想象不出他想要的那堆金子到底有多大，但他觉得要是他每碰到一个东西，那个东西都会变成金子，那真是再好不过了。这位神问他，可否有什么东西会使他后悔拥有这个金手指。米达斯国王说再没什么东西能使他比拥有金手指更快乐了。这位英俊的陌生人说："那好吧，明天一早你就会拥有这种力量。"然后这位神浑身上下变得越来越亮，越来越亮，最后像一道灿烂的光柱，消失了。

米达斯国王的快乐没有持续多久就消失了，他痛苦地发现他既不能吃也不能喝，食物在他嘴里都变成了金子，更糟糕的是，虽然他一直认为他的女儿要比金手指珍贵 1000 倍，然而当他像往常一样亲吻她时，她却变成了金子。虽然他总是喜欢说他的宝贝女儿值和她真人一样多的金子，可这真的变成了现实。遭受到悲惨打击的米达斯国王突然又一次认识了他面前的金子。当他再次被神询问时，米达斯国王忏悔说一杯水、一块面包，当然还有他的女儿金玛丽都要比那金手指宝贵得多。

"你比以前聪明了，米达斯国王！"神说，"你还能够明白，每个人拥有的最普通的东西，都比世人羡叹和追逐的财富要宝贵得多。"

神告诉米达斯国王去河里冲洗自己，把水泼到被他变成金子的每一件东西上。如果他幸运的话，每一件东西，包括金玛丽，都会变成原来的样子。他是幸运的。故事的结尾是多年以后，米达斯国王一边颠逗着坐在他膝盖上的外孙子，一边告诉他们他现在是多么讨厌看见金色的东西，当然，除了他女儿金色的头发。

智慧
隽语

米达斯国王虽然愚蠢地渴望着那些带给他悲痛而不是欢乐的东西，却还真心地爱着他的女儿。正是这种爱使他明智地意识到，他的女儿要比得到金子更珍贵。他也很实在地感到自己的饥渴并发现金子剥夺了他的生命。他从亲身的经历中学到了东西，而且还克服了对金子的迷醉，

因此他的内心变得丰富了，也更富有爱和智慧。

　　对于我们来说，除了金钱还有更多值得我们珍惜的东西。懂得欣赏我们所拥有的，就不会失落在"身外的人与物才使我们快乐"的迷思里。

巨额悬赏的结束

> 金钱万能同时又并非万能。
>
> ——普希金

一位富翁的狗在散步时跑丢了，于是他急匆匆地在电视台发了一则启事：有狗丢失，归还者，付酬金1万元。并有小狗的一张彩照充满大半个屏幕。

送狗者络绎不绝，但都不是富翁家的。富翁的太太说，肯定是真正捡狗的人嫌给的钱少，那可是一只纯正的爱尔兰名犬。于是富翁把酬金改为两万元。

那只狗是一位乞丐在公园的躺椅上打盹时捡到的。乞丐看到广告后，第二天一大早就抱着狗准备去领那两万元酬金。当他经过一家大百货商场的墙体屏幕时，又看到了那则启事，不过赏金已变成3万元。乞丐又折回他的破窑洞，把狗重新拴在那儿，第四天，悬赏的金额果然又涨了。

在接下来的几天时间里，乞丐从没有离开过这只大屏幕，当酬金涨到使全城的市民都感到应惊讶时，乞丐返回他的窑洞。

可是那只狗已经死了，因为这只狗在富翁家吃的都是鲜牛奶和烧牛肉，对乞丐从垃圾筒里捡来的东西根本受不了。

在这个世界上，金钱一旦被作为某种筹码，就不会再买到任何东西。人们心中总认为金钱是万能的，能获得安全感，能带来感情，甚至可以改造一切；所以，人们无所不用地追逐致富的公式；然而，这种贪念却常超过主观的需要与客观的供给。类此致富的欲望，起源于将金钱视为无法或难以得到满足者的替代品，当然，结果总未必尽如人意。

爱钱才是万恶之源

> 要当心对财富的无节制欲望，再没有什么比爱钱更显示心灵的狭隘和渺小的了。
>
> ——西塞罗

从前，有个人把木头偶像供奉在家中，每日祈祷。他乞求这个木头偶像能够赐予他金钱，让他在世上飞黄腾达。但是，直到跪得膝盖肿痛，肌肉麻木，木像也没有给他带来丝毫的回报。随着时间一天天过去，财富依旧不见踪影。相反，他的钱却越来越少。功名利禄都和他无缘。

终于，他狂怒地意识到：自己长时间的祈求却一无所获。他抓起木像把它的脑袋在墙上撞得粉碎。突然，像是一把神奇的钥匙打开了金库的锈锁，闪光的金子从木像破碎的脑袋中涌了出来。

　　这个故事抓住了金钱的悖论：越是向金钱乞求，越是要受到挫折和失望。使木像披上神圣光环的是我们心中炽热的贪婪，木像本身永远不会知道使我们富有的秘密。只有当我们摆脱认为金钱是救世主的想法，我们才会发现：原来金钱经常以我们从未想过的形式存在于我们从未想过的地方——甚至藏在那些我们最熟悉的东西里。

　　在日常生活中，我们时常与金钱打着交道。金钱对我们显得如此的熟悉，很难使我们感到好奇。我们能从金钱上学到什么呢？金钱的规则看起来是如此的简单：如果你有钱，你就可以购买自己想要的东西；如果你囊中羞涩，你就必须去赚钱，否则，就要饱受压抑。

　　当我们以一种偏执的心态接近金钱时，我们就会深深地爱上它，并且不择手段地想得到它。腐蚀我们的不是金钱本身，而是这种对金钱的爱，或者说是依恋。如果我们把金钱看成一种符号，我们就会感到自己和他人之间存在一种已加深的联系，会感受到一种表白并与他人分享自己日渐丰富的内心世界的欲望。

　　我们应把金钱当做一种挑战，当做一道通向更加理解我们自身深处的大门。如果我们不开启这扇门，我们就会失去丰富的内在世界，失去我们与家庭和社会的重要联系。知道金钱的秘密可以帮助我们发现一个丰富的深层世界，这是一笔无法用金钱来衡量的巨大财富。

鱼和渔竿

> 遗传的财富若为具备高度心智的人所获得，这笔财富就能发挥最大的价值。
>
> ——叔本华

　　从前，有两个饥饿的人得到了一位长者的恩赐：一根渔竿和一篓鲜活硕大的鱼。其中一个人要了一篓鱼，另一个人选择了一根渔竿，于是他们分道扬镳了。得到鱼的人原地就用干柴搭起篝火煮起了鱼，他狼吞虎咽，还没有品出鲜鱼的肉香，转瞬间，就连鱼带汤吃了个精光，不久，他便饿死在空空的鱼篓旁。另一个人则提着渔竿继续忍饥挨饿，一步步艰难地向海边走去，可当他已经看到不远处那片蔚蓝色的海洋时，他浑身的最后一点力气也使完了，他也只能眼巴巴地带着无尽的遗憾离开了人间。

　　又有两个饥饿的人，他们同样得到了长者恩赐的一根渔竿和一篓鱼。只是他们并没有各奔东西，而是商定共同去找寻大海。他们每次只煮一条鱼，经过遥远的跋涉最终来到了海边。从此，两人开始了捕鱼为生的日子，几年后，他们盖起了房子，有了各自的家庭、子女，有了自己建造的渔船，过上了幸福安康的生活。

你在对你的孩子进行金钱的教育吗？与其给自己子女留有一大篓鲜活的鱼，不如传授他们钓鱼的工具与技巧。

如果我们不说和金钱有关的话，我们的孩子就不会懂得如何处理财务方面的问题。我们要教他们关于储蓄的事情；帮助他们计划好他们的消费；帮助他们记下钱花在了什么地方。有些大银行为孩童设立了很好的储蓄方案。对年岁较大的孩子来说，让他们参与家庭会议极为重要，和他们谈论上大学的问题，需要花费多少钱，你能够替他们支付多少，他们自己应该去挣多少，要开诚布公地进行商讨。我们要为孩子们的发展，在财务方面打下良好的基础。我们这样做的时候，自己也学会了很多东西。

畅销书《巴比伦的秘密》也阐述了与这个故事相类似的道理，巴比伦首富阿卡德只有一个儿子诺马希尔。当诺马希尔成年时，阿卡德决定把自己的遗产交给他，但他期望诺马希尔能够先到外面去闯闯，以测试一下他赚取黄金和赢得众人尊敬的能力，只有他真正具备了这些能力才可以继承这些遗产。

于是诺马希尔带着父亲送给他的两样东西离开了家乡。这两样东西就是：一袋黄金和一块泥板。这块泥板上刻着掌握黄金的五大定律。

诺马希尔历经 10 年的闯荡，他曾经身无分文，历经磨难，但每次遇到不幸时，他总想起父亲刻在泥板上的五大定律。最后，他不仅保住了父亲所给的一袋黄金，而且还多赚了两袋，用行动证实了自己。

记住，给自己子女留有一笔财产远不及传授给他们赚钱理财的方法所创造的财富多。

继承真正的财富

　　从前，有个人经过了 20 多年的辛勤劳作终于拥有了一项自己的事业。他的辛苦和操劳使他摆脱了贫困，过上了富裕的生活，然而他却发现他 20 岁的儿子不喜欢工作。当他向儿子不断地讲述辛勤工作所带来的欢乐和成功的喜悦时，儿子却回答说："既然你们已经为我准备好了一切，那么我为什么还要工作呢?"这个人非常爱他的儿子，一心想让他体会到工作和成功的喜悦。于是，他卖掉了所有的产业，并把钱都捐给了慈善机构，送给了穷人，然后，他告诉自己的妻子和儿子说，由于做生意蚀了本，他们现在已经很穷了。

　　一天，儿子兴高采烈地对父亲说："爸，我找到了一个让我们重新富起来的办法。"这位用心良苦的父亲满怀希望地认为儿子也许认识到了工作的重要性，但是，他问："是不是你准备工作了? 那可真是太好了。"儿子却说："不，我是要与一个富人的女儿结婚，这样我就可以获取 20 万元作为订婚礼物。"父亲一气之下把儿子赶出了家门。

　　挣钱创业的一代人曾经饱尝了自己富有成果和成功的满足与欢乐，而继承金钱的下一代却往往缺乏雄心和理想，他们为自己找一个在世界上挣扎奋斗的理由是很困难的。父母遗留的财富可以满足他们的物质需求，但是父母的成就他们却难以继承。考尼理尔斯·范德比尔特19世纪曾拥有富可敌国的财富，他的一个继承人威廉·K·范德比尔特曾说过："继承遗产是获得欢乐的一大障碍，遗产对于理想丧失的作用正如可卡因对道德沦丧一样。"

　　不过，继承得来的羞愧是可以摒弃的。正像一个公爵可以放弃他的头衔那样，我们也能够把羞愧从我们履历里除去。有时我们会因从父母那里得来的东西全盘继承下来，其中包括拥有了太多或者不够的金钱，而产生羞愧。这种羞愧把我们囚禁在感到自己不合适、没人要和没有用的感情牢笼里。认识到这个核心问题的好处是：它是能够加以改变的。我们可以通过认识并熬受羞愧、沮丧和哀伤的经历，来增强我们的力量和锲而不舍、坚忍不拔的精神。我们能够从而创造出为自我所接受的生活方式，相信会出现奇迹。

半斤八两

世袭的财富实际上是游手好闲的诱因。

——戈德温

　　某宰相的孙子，把家私都败光了，连饭也没得吃，常常向别人借来借去。有一次，他又借到了一袋米，但背到半路上就气喘吁吁了，只好在路边歇气。这时，前面走来一个破衣破裤的穷人，他就叫住那个人，讲定了工钱，请他背米。不料走了一段路，那人也气喘吁吁地走不动了。他就埋怨道："我是宰相的孙子，手不能提，肩不能挑，乃是常事。你是穷人出身，为什么也这样不中用？"

　　那人也翻翻白眼道："你怎能怪我，我也是尚书的孙子呢！"

智慧
隽语

　　"不幸生为富家子弟的人，仿佛是负重赛跑的人。"一位哲人说，"大多数的富家子弟，总是不能抵抗财富加于他们的诱惑，因而陷于不

幸之中。这种人往往不是那些贫苦孩子的对手。"

为了摆脱贫困的境地而奋斗,能造就人才。假使世人都是一生下来不为需要逼迫着去做工,人类文明怕直到现在,还处于很幼稚的阶段呢。

最有用、最成功的人,大都是从贫困这所大学校中训练出来的,大都是由需要的皮鞭所驱策而向前的,想要改善自己处境的愿望引导他们向上。

能力是由抵抗困难而获得的。伟人都是在与困难搏斗中产生出来的。不从困难阻碍中奋斗却想要锻炼出能力来,那根本不可能。

假使一个青年不是迫于生活去做工,他将怎样呢?假使不用劳力,就可获得他所要的东西,他将怎样呢?假使他已经得到了他想要的东西他还肯奋斗吗?一万个人当中也许没有一个肯为了培养品性、锻炼才能,而不因贫困去奋斗,不为需要去奋斗。

一个感觉到自己幸运的青年,会对自己说:"我所有的金钱,已够我这一世受用了,我又何必清早起来,勤劳工作呢?"于是一个翻身,他又呼呼地睡着了。而就在这个时候,另一个青年,会因需要的驱策及时地离开床铺,去从事劳动。他明白,除了奋斗之外,他别无出路。

空灵的"自然"就利用了这种方法——人类因感觉需要而努力奋斗——实现了她发展人类的才能、世界文化的大目的。在她看来,金钱、财产、地位都是小事。

重复的命运

有一个很穷的伐木人，他辛苦积攒了一些钱，想送自己的独生儿子上大学，而且还希望有朝一日自己不能再劳动时，大学的教育可以使孩子在劳动中更有效率，可以赚钱照顾自己。孩子在学校里学习十分刻苦，多次受到教师的赞扬。但是，父亲可怜的积蓄却在孩子没有完成学业之前用完了，儿子只好辍学。

儿子回到家里，父亲面对儿子，感到了深深的内疚。事实上，他们现在连每日的生活都难以维持。儿子提出要和父亲一起去砍树，但父亲却说儿子适应不了那么沉重的劳动，并且，他们根本就没有钱再去买一把斧子。儿子与父亲商量，两人借了邻居的斧子，便一同到森林里劳动。

到了中午，父亲提出要休息一会儿，但儿子说要在森林里走一走，找一些鸟窝。父亲认为儿子四处乱跑会让他白白消耗力气，下午会干不动活儿。但儿子还是去了。男孩在森林深处四处寻找，忽然他发现了一

株几个人也环抱不过来的老橡树，树皮皱纹深深，像一个老人生气时的面孔。这株老橡树至少也有几百岁了，男孩认为一定会有许多鸟在上面筑巢。

忽然，男孩听到一个声音在哭叫："放我出来！放我出来！"声音来自地下。男孩拨开枯枝败叶，在树根处寻找，发现了一个玻璃瓶子，里面有一团雾状的生物正在不停地叫："放我出来！"

男孩不假思索就打开了瓶子，瓶子里的精灵像烟雾一样飘出，越来越大，最后竟有老橡树的一半那么高。精灵问男孩："你把我放出来了，你要什么回报呢？"男孩说："我什么也不要。"精灵却说："那我就要掐断你的脖子。"

男孩一点也不害怕，他镇定地说："我还希望好好活下去，决不允许你来掐断我的脖子，如果早知道这就是你的回报，那我决不会把你放出来的。"

精灵用他极为深沉的声音说："我的名字叫墨丘理斯，你无论要什么都可以。但是，把放出我的人掐死却是我的职责。"

男孩灵机一动回答道："也好，不过我只是不相信像你那么大的人怎么能装在那么小的瓶子里，如果你能表演给我看，那么我宁愿死在你的手里。"

墨丘理斯又钻入瓶中，当轻烟全部进入瓶里时，男孩迅速地盖上瓶盖，把瓶子又扔入树根下的乱叶中，然后回身准备去找自己的父亲。墨丘理斯在瓶子里又可怜地求告放了自己，并许诺让男孩一生富有。

最后，男孩终于决定再冒一次险。墨丘理斯也许在说实话，更重要的是，男孩从心底根本不相信一个神灵会伤害自己。于是他又打开瓶子，把巨大的精灵放出来。

墨丘理斯十分感激，他遵守了自己的诺言，并给男孩一块神布。这块布很像盖伤口的纱布。墨丘理斯告诉男孩说："如果你用这块布去摩擦钢铁，那么钢铁就会变成银子；如果你用这块布去抚摩伤口，那么伤口便会痊愈。"

男孩想要试一试是否灵验。他用斧子在老橡树的干上砍了一道口子，然后他用这块布去抚摩伤口，奇怪的是，树身上的伤口果然立刻就长合了。

精灵感谢男孩给他自由，男孩也感激对方的礼物，两人友好地分手了。

男孩回头找到父亲，父亲正为他一去很长时间而生气。男孩说他很快就会把活干完，父亲并不相信。男孩暗中用神布擦拭斧子，希望它能在砍树时发挥神奇的魔力。但是树并没有倒下，相反，斧子却崩出了缺口。原来斧子已经变成了银子，所以特别柔软。男孩埋怨斧子不好，而父亲却被激怒了，因为他还要赔偿邻居的斧子。男孩说自己会赔斧子，父亲嘲笑他是个白痴。父亲说："除去我给你的东西，你一无所有，你自己用什么来赔偿呢？"

一会儿，男孩说自己再也干不动了，他央告父亲一起回家。父亲拒绝了，说自己还有许多工作要干，决不能回家闲坐着。男孩说自己从来没有在这片林子里走过，自己找不到回家的路。

于是，父亲强忍着怒气，把孩子带回家里。他吩咐儿子到城里把斧子卖了，这样可以有点钱好来赔偿邻居。

男孩把斧子送到了金匠处，金匠仔细检查并称了重量。金匠说斧子值400元，但他现在只能付给男孩300元，暂欠100元，男孩同意了，带着钱回到家中。邻居说一把斧子只值一元多钱，男孩付了他双倍的钱作为赔偿。然后男孩又给了父亲100元，对父亲说以后他可以不再辛苦地工作，就可以舒适地生活。

惊讶的父亲问他如何得到这么多钱，男孩讲了自己的经历，并说这一切都是自己相信别人的回报。

剩下的钱足够男孩完成自己的学业。在那块能治愈伤口的神布的帮助下，男孩后来成为著名的医生。

智慧
寄语

许多人都在抱怨父母穷，没有权势，指责他们没给自己留下金钱、别墅、庄园、汽车，或者抱怨父母没有给他们良好的受教育机会，比如说没有供他们就读于世界著名的学府。他们的眼光总是盯在一些在父母余荫下舒适生活的人身上，他们认为父母的起点太低，因而阻碍了他们的才能发挥，限制了他们的发展高度。这种观点没有让他们意识到，他们其实只是在重复父母的命运，只是在幻想一条已被走过的生活道路，他们并没有承担起改变自己命运的责任。只是盼望着延续父母命运的子女，决不会找到自己的道路。简单是一种生命力的丧失，当一种事物变得只能延续过去时，必然是衰败的开始。

赌徒与输家

> 很多入迷的赌徒不知不觉想要输。
>
> ——佚 名

有一对很穷困的夫妇，经常三餐不继。有一天，他们的邻居实在不忍看下去了，便送给了他们一张饼，两个人都很高兴，可是都想占为己有。那个太太想到一个主意，就是"赌"，谁赢了谁就独享那张饼。这对夫妇赌了很久也不分胜负，对周围的一切都浑然不觉，似乎忘记了饥饿，他们将所有的注意力全部集中在这场赚取食物的赌博上面。夜深了，有个小偷经过他们的家，看到这种情形，悄悄地将他们仅剩的几张椅子和一些瓷器用品偷个精光。这下子真的变成家徒四壁了！

智慧 旁语

赌徒和偶尔（或定期）一赌的人不同。他们在任何时刻都想赢——屏住气息，只求命运恩赐这一次！这是普遍的渴望。马票登记

人、俱乐部主人和数字游戏的捐客都因此而发财。只要有人赢大钱，别人就开始梦想。这是此类赌博的目标，赌徒们真正的报酬只是狂想。只要有百万分之一的机会，就有百分之百的赌徒存心要赢。

赌徒投下的不是象征性的小钱，而是能毁掉他的大数目。他有一套制度。赌轮盘的时候——打个比方——他押红的，失败的时候再加倍。根据数学的概率法则，不管前面出现过多少次黑的，每次你押红的，押中的机会仍是50：50。但是赌徒却认为，黑色若连续出现好几次，下回红色出现的机会就会随着轮子的连续性转动而比例增加。这实际上根本不符合数理原则，然而赌徒心中却越来越坚信红的该来了——就算这次不来，下回一定会出现，于是下次更加肯定。他确实看到了这一点。他支持自己内在的信念，而且赢了。这使他更相信会赢，他知道他会的，虽然事实上概率永远一样：50：50。

我们可以说，长胜的赌徒就是那些靠运气而自以为能通晓某些奥妙的人。如果运气一直证实他预感和先见之明——统计上一定会有几个这么幸运的人——他心里就产生"不会输"的感觉。事实上他只是运气好而已，但是他的运气碰巧合乎他自觉幸运的内在信心，使他很容易相信自己的运气是特殊的神宠，是专门赐给天之骄子的。他相信自己注定要赢，他的胜利具有命中贡品的意义。这种人渴望的、有时也获得的，是"优异"的感觉。他要证明，命运偏爱他。

但是赌徒不只是接受纸牌的预言而已。他也想向不温厚的命运强讨胜利。当他渴望的数目不再出现时，他会越战越勇，加倍下注，一直提高赌金。在他大胆或绝望的尝试中，他也许会一举赎回所有的损失，但更多可能的是赌博让他一败涂地。不过由这种行为来看，赌徒是一个幻想自己必赢、却表现为必定失败的人。也就是说一场赌局的输家永远是那些赌徒。

一掷千金

谁也不满足于自己的财产，谁都满足于自己的聪明。

——托尔斯泰

一对新人到拉斯维加斯度蜜月。没过三天，1000 美元的赌本就输光了。当天晚上新郎躺在床上，看到梳妆台上有个东西在闪闪发光。他凑上前去，发现那是他们留下来当纪念品的 5 块钱筹码。更奇怪的是，筹码上不断闪着"17"这个数字。

他觉得这是个兆头，于是披上绿色浴袍，急匆匆冲到楼下去找轮盘赌台。他把 5 块钱筹码押在"17"这个数字。果不其然，小球落在"17"，赔率是赌 1 赔 35，他拿到 175 美元。他把彩金继续押在"17"，小球果然又落在"17"，庄家赔了 6125 美元。这种邪门的手气就这样持续着，财星高照的新郎赢了 750 万美元，但他还不肯罢手。这时赌场经理出面了，他说，如果再开出"17"，他们可是赔不起。

这个新郎想乘胜追击，叫了计程车直驱市区另一家财力更雄厚的赌

场。轮盘台上的小球又落在"17"，庄家赔了两亿多美元。他乐昏了头，把这笔巨资孤注一掷，来一场空前豪赌。结果小球停住时一偏，开出了"18"。一辈子都梦想不到的天大财富，就这样转瞬间输得精光。他垂头丧气地走了几里路，回到旅馆。

他一走进房间，太太就问了："你到哪儿去了？"

"去赌轮盘了。"

"手气怎么样？"

"还好。只输了5块钱。"

智慧
絮语

赌场之所以稳赚不赔，是因为有很多赌客跟这个新郎官犯了同样的毛病。他当天晚上是用5块钱赌本起家，所以他觉得无论怎么输，就是这么一点钱。

上面那个"绿色浴袍男子的传奇"充分解释了心理经济学家所谓的"划分心理账目"的概念。这种概念反映了一种最常见、也最浪费的财务错误：把某些钱看得不值钱，因此可以轻易挥霍掉。说得更明白一点，划分心理账目意指人们根据钱的来源、存放的地方和花用的方式，将金钱加以归类，并赋予它们不同的价值。一般财富（特别是金钱）应该是可以自由互换的，这表示不管是中奖赢来的彩金，工作赚到的薪资，或是退税款项，100美元就是100美元，意义和价值不应该有任何不同，因为任何一张百元美钞，都能够在麦当劳买到同样多的汉堡。同样地，不管是放在床垫底下、存在银行户头，或是变换成国库债券的100美元，都应该让你产生同样的感觉或富足感（虽然银行存款和国库债券，比放在床下的现金保险多了）。如果金钱和财富是可以互换的，不论是赌博赢来的彩金或辛苦赚到的薪水，使用起来都应该没什么两样。任何财务决定，都应该是根据一件事对我们的整体财富有何影响，来做理性的衡量。

暗室欺心

即使为了国王的宝座，也永远不要欺骗，违背真理。

——贝多芬

一个人到神父那里忏悔："我有罪。'二战'期间，我把一个富有的犹太人藏在我的地窖里，每月向他收一大笔保护费。"

神父说："是呀，这的确是罪过，可是已经过了这么多年了呀……"

"问题就在这儿，"这个人说，"这么多年来，我一直没告诉他，战争已经结束了。"

智慧旁语

当一个人欺骗他人时，他必然会面对两种惩罚：一种是骗术失败，而另一种是骗术成功。

一个人由于处在不利的环境中一时撒谎，是可以谅解的，但是蓄意

欺骗他人的人则不会有希望，他迟早会自食其果，丧失尊严、信誉直到丧失自由。

心虚是骗子的一大疾病。当一个人决定欺骗别人时，通常都没有考虑到以后将受到罪恶感的折磨。

欺骗别人的人会感到既负罪又羞耻，在他们多得到一分金钱时，他们就多损失一分人格。他们的钱袋固然有所增益，但他们自己却失去了人格和信念，成为堕落的衣冠禽兽。

欺骗行为终究是要失败的。所以即使从利害这方面打算，诚实也是一种最好的策略。没有私心，不为利动的名誉和价值，要比从欺骗中得来的利益大过千倍。

墨邱利和木匠

老老实实最能打动人心。

——莎士比亚

一天，一个木匠不小心把自己的斧子掉在了河里，他请求墨邱利帮自己找回来。墨邱利就是罗马人对赫尔墨斯的称呼。墨邱利潜入水中，不一会儿，带回一把金斧子，但诚实的木匠却说这不是他的斧子。墨邱利第二次入水带回一把银斧子，但木匠还是不要。墨邱利第三次带回把带木柄的普通斧子，木匠兴高采烈地说："这正是我丢的那一把。"墨邱利十分欣赏木匠的诚实，他把三把斧子一起送给了木匠。

墨邱利的慷慨很快四处传播开来，有一个无赖决定要抓住这一机会。他也来到河边，在岸上放声大哭说自己丢了一把斧子。墨邱利捞出一把金斧子，问他是不是这一把。

"是的，我丢的正是这一把。"无赖说。

"你这个无耻的蠢货，"墨邱利勃然大怒，"你竟敢在一位能一眼把你看穿的神灵面前说谎，贪婪将使你受到惩罚，你一生会穷困不堪。"

我们对自己内心的审视并没有什么强加的力量，但是善恶总有报。在我们寻求外在的富有和内在的丰富时，诚实始终是最为重要的东西。

愤世嫉俗的社会往往取笑纯朴的美德。诚实不同于愚蠢或轻信。它就是它自己：甜蜜而单纯的天真无邪，对自己和自己灵魂深刻的了解。我们一定得学会去信任我们自己，和信任自己有为生活做出积极判断的能力，我们能够以诚实看待自己做到这一点。我们有权扩展我们的智力、有权吸收信息，并用它来获取我们的利益。我们一旦知道，我们必须关爱和信任的对象就是我们自己的时候，我们就能够过一种在财务上安全、舒适和欢乐的生活。

不劳而获

> 指望不正当的所得，就是损失的开端。
>
> ——谚　语

一个人来到智者面前向他诉苦，说有人骗了他。

智者问他："那么他做了什么呢？"这个人说："他能够把任何一种金属变成金子。他做给我看了，我亲眼看见了奇迹的发生。然后他说我应该把我所有的金子带来，他将使变成 10 倍的金子。所以我集中了我所有的金银首饰，而他拿着我的金子逃走了。他骗了我。"

智者告诉这个人："是你的贪婪骗了你。不要把责任推到别人身上。你是贪婪的，而贪婪是愚蠢。你希望你的金银首饰变成 10 倍多，是这个念头欺骗了你，那个人只不过是利用了这个机会，如此而已。你才是真正欺骗自己的人。如果他不骗你，别人也会把你给骗了。"

所以是谁在骗不是问题。如果有人骗你，这显示出你有某种倾向希望受骗。如果某人能够对你撒谎，这意味着你和谎言有某种亲和力。一个真实的人不可能受骗的，一个生活在真实中的人是不可能成为说谎者的牺牲品的。只有一个说谎者才会被另一个说谎者欺骗，否则没有可能性。

赚钱的欲望人人都有，当然无可厚非。可是有些人专想不劳而获，这种念头未免过于天真。

报上常常看到有人被骗子骗走财物，这些人被骗虽然可怜，然而其被骗的动机——想不劳而获——却又可鄙，这些人若不存贪欲之心，又怎能令骗子乘机得逞呢？

所以有人说，想不劳而获的人，是只要有利可图，就连对魔鬼都愿以上宾招待的人。虽然金钱的魔力很大，"可使鬼推磨"，但这种鬼却有点惹不得，它会害得人一蹶不振。所以，想赚钱的人，还是确定自己的着眼点，凭自己的力量求取，这会来得令人心安理得些。

 言不二价

> 精明而忠诚的人，应该寻觅；精明而虚伪的人，应该警惕。
>
> ——谚 语

在早期的公谊会教徒中有一些零售商人，他们采取言不二价的习惯对待顾客，不像别的商店那样互相讨价还价，他们之所以采取这种习惯，是因为他们认为要高价是一种说谎的行为。而他们这样做大大方便了顾客，于是人们都愿意到他们店里买东西，结果这些教徒商人都发了大财。

精明，如果是纯真的，它应属于我们性格中的无意识部分。罗素认为，正是这种特质，使许多人在事业上取得成功。若是从道德的观点来看，它则是一种卑下的特质，因为它总是自私的，然而它却能使人避免最坏的罪过。

我们可以确立一条很少例外的一般规则，那就是当人们误认为什么是对他们自己有利时，他们自信是明智的行为比实际上真正明智的行为更容易招受损失。因此，凡使人能较好判断对自己有利的事情，其结果都是好的。除了这个故事以外的无数例证都可以说明，人们由于道德上的理由做了自己相信是跟自己利益相反的事情，结果都会交到好运。

有人可能出于精明而采取同样的方法，然而事实上没有任何人能精明到如此程度。我们的无意识比它促使我们成为有坏心的人还要恶。因此，世界上做到了凡事与自己利益完全相符的人，是那些基于道德的理由有意去做他们相信是与自己利益相反的事的人。其次是那些力图从理性上、意识上考虑什么对自己有利，而尽量排除受情感影响的人。再次便是那些本性上精明的人。最后一种人是那些所怀恶意超过精明的人，他们使别人破产衰败，而不知自己也已陷于如此境地。

 穷　神

宇宙的穹音，仍回荡在，夜莺及蜂鸟的歌声中。

——富兰克林

有一个穷苦的农民，平时不爱劳动，总摆脱不了贫困的生活。后来，他索性躺在家里整天睡大觉。他的老婆也不想干活，懒得连扫帚都不愿意碰，唯一让两人感到舒服的事情就是躺在床上睡觉。

一天，农民打开衣柜抽屉，看见破烂衣服上面睡着一个骨瘦如柴的小老头。

"喂，你是谁？"

听见声音，老头睁开眼睛回答："我是穷神。挺喜欢你们家，早在半年以前就得到你的关照啦！"

农民顿时恍然大悟："噢，我的穷日子原来是穷神带来的呀！"他思前想后，整整寻思了一天，晚上，他悄悄地对老婆说："有那个穷神在，我们当然要穷了。没办法，明天早上搬家吧！"两个人喊喊喳喳地商量着。

夫妻二人刚要做搬家的准备，就听见衣柜的抽屉里面有什么东西作

响。"咦？干什么呢？"偷偷一看，穷神正里面编草鞋。

他惊慌地问："你编这个玩意干什么？"

"嗯，你们不是说要搬家嘛！我不能错过，得在明天早上把它编好，和你们一块儿走哇。"听见这话，农民颓丧极了。

他对老婆说："瞧瞧，老婆子，我们不管去哪儿，这个穷神都粘着不放。看来，到哪儿也不行啊！莫不如哪儿也不去，就在这儿好好干活吧！"

打那以后，这两口子完全像换了个人似的，早上天色未明就起身，晚上繁星当空还在地里干活。

一天，穷神说："这回我必须另找地方啦！"在农民没注意的时候，穷神偷偷地从这个农民家溜走了。

对于那些长期因懒惰而贫穷的人来说，靠劳动创造财富的过程永远是一种负担，贫穷是唯一能让他们感到舒服的事情。只有当他们真正发现穷神附身时，才会发觉贫穷不该是他们原本的生活。在试图改变自己命运的过程中，躲避贫穷是永远不会奏效的办法，因为贫穷永远伴随着贫穷的心志，贫穷的心智志也永远吸引着贫穷本身。这也是故事中那对夫妇无法摆脱穷神的真正原因。

造成贫穷的原因各有不同，可摆脱穷困最奏效的方法只有一个，那就是让自己感觉到贫穷对于我们是多么的不舒服，富有的生活才是我们真正的生活。贫穷所产生的压力，就像缺乏适当的营养和保护措施，会引起生理上的疾病，而那些懒惰的人从不会意识到这种压力的存在，只有发现穷神附身时才会意识到这种压力。治疗这种疾病唯一的药方就是

使自己走出所谓的"贫穷舒服区"，也许开始时，我们会感觉到恐惧，会觉得不舒服，不过在以后的日子里，我们会自然而然地把恐惧称为兴奋，把不舒服看成是挑战！

追求富裕生活的免费益处之一就是学会将那些"贫穷舒服区"变成支持我们的系统，这样就可以把贫穷的压力当做致富的动力去获得我们想要的生活。

碰机会的人

良机对于懒惰者没有什么，但勤劳可以使最平常的机会变为良机。

——马丁·路德

从前有一个老人，生活非常困苦。

有人问他："你的境遇为什么这样不好？"

老人回答："就是机会不好！我活了这么多年，从没有碰到一次好机会。我年轻时是学'文'的，而且学得很好，可是那时节社会上都尊重老年人，轻视年轻人，年轻人即使有好学问也不会被人重视。因为我是年轻人，只得跟着倒霉。过了许多年，社会上又掀起了'尚武'的风气，于是我又去学'武'，等我学成了，我也老了，那时的社会风气恰巧又变了——变为重视年轻人，不用老年人了。老年人即使有武艺，也不受人们重视。我这样碰来碰去，就从来没有碰到好机会。"

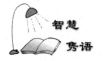

爱碰机会的人，结果是往往会"扑空"的。

致富不是一件容易的事，不过，可行途径却多得不胜枚举。有的人终生做学问，有的人终生钻研艺术，只要能够出人头地，都有富的可能。三百六十行，行行出状元，天下可赚之钱比比皆是，好的生意不会全部被别人谈完，好的创意不会全被人想尽，好的产品也不会都被生产出来，最伟大的公司不会全被别人抢先建立，全世界的金钱更不会全都进入别人的账户，只要深刻的剖析就会发现你可以抓住许多赚钱的机会，来完成你的梦想。只要不是不义之财，得来都会令人心安理得。

有人认为致富全凭运气，事实上，需靠一半天分和一半努力，才能争取到这种运气。

人生中值得追寻的东西很多，赚钱并不是人生唯一的目的，但是，所有以正当手法赚钱的人，我们都得承认他们是成功者。

精神乞丐

> 贫穷本身并不可怕，可怕的是自己以为命中注定贫穷或一定老死于贫穷的思想。
>
> ——富兰克林

有位青年时常对自己的贫穷发牢骚。

"你具有如此丰厚的财富，为什么还发牢骚？"一位老人问。

"它到底在哪里？"青年人急切地说。

"你的一双眼睛。只要能给我你的一双眼睛，我就可以把你想得到的东西都给你。"

"不，我不能失去眼睛！"青年人回答。

"好，那么，让我要你的一双手吧！为此，我用一袋黄金作为补偿。"

"不，双手也不能失去！"

"既然有一双眼睛，你就可以学习；既然有一双手，你就可以劳动。现在，你自己看到了吧，你有多么丰厚的财富啊！"老人微笑着说。

由于种种原因，有时人们会陷入一贫如洗、身无分文的处境，他们因这被统称为"穷人"。

然而，面对一贫如洗的处境，人们却有两种态度：其一是怨天尤人，不知所措；其二则是加倍努力地工作，用行动使自己从这个境地中挣脱出来。

麦克·塔德是美国的一个百万富翁，在获得成功之前他曾几经沉浮，他对此的评论是："我曾多次破产，但从未贫困。"记住，"贫困"和"穷苦"只是一种精神状态。对有主动精神的人来说，自己就是最大的财富。只要好好利用这一财富，脚踏实地地工作，一定可以迈向成功的彼岸。

损失金钱并不可怕，而失去了自己的主动精神这一财富才是可怕的。如果你此时真的一无所有，那么不正是一个放手一搏的最好机会吗？

两种贫穷

> 谁都可以致富，你必须预先做好准备。为了利用可以利用的机会，你首先必须发展积极的心态。
>
> ——拿破仑·希尔

有一个美丽的乡村，一天来了一个乞丐，这个乞丐看上去只有30来岁，长得很结实。乞丐每天都端着一个破碗到村民家中讨饭，他的要求不高，无论是稀饭还是馒头他从不嫌弃。

日子长了，便有人看中他的身材和力气，想让他去帮着打打零工，并答应付给他若干工钱。岂料此等好事，该乞丐竟一口回绝。他说："给人打工挣钱多辛苦，远不如讨饭来得省力省心。"

也是在这个村子，有一个老人每天都到垃圾箱里捡垃圾。老人是个驼背，这使得他本来就矮小的身材越发显得矮小。老人每次从垃圾箱里拾垃圾都仿佛是在进行一场战斗。为了拾到垃圾，他必须将脸紧紧地靠在垃圾箱的口子上，否则他的手就不足以够到里面的"宝贝"。而那个口子正是整个垃圾箱最脏的地方。

老人每次拾完垃圾都像打了一场胜仗，他完全不会顾及别人脸上的

那种鄙夷。看着那些可以换钱的"战利品",走在乡村的小路上,他总是显得格外的高兴。

智慧
菁语

同样的贫穷,一种是不思进取的懒惰,一种是直面生活的勤勉;一种是人格的湮灭,一种是不屈的抗争。两种境遇确实让人感慨。

同样是贫穷,有的人贫困潦倒,有的人心在梦在。难怪有人断言,物质上的贫穷并不可怕,可怕的是精神上的贫穷。

对于渴望改变自己贫穷命运的人而言,如何认识自己目前的"一无所有",对其以后的发展至关重要。一般说来,持"反正我也是一贫如洗,再怎么努力奋斗也无济于事"态度的人,必将贫困潦倒终生,并且一事无成;而抱"虽然我眼下一无所有,但是我将努力去奋斗……"想法的人则将成为真正的胜者,走上富裕的道路。

低着头走路的人发不了财;不怨天尤人,走路时轻松自在的人,是财神爷的宠儿。

走路抬头挺胸,个性豪爽,态度乐观的人,财神爷会特别加紧亲近他,因为性格乐观是生意人应具有的英雄本色。

为了使更多的人过上好日子,我们必须摒除下列这些消极思想。例如,房子小点,挤挤就过去了;工资少点,吃便宜、穿低级的,也可以活了;工作条件差,看看别的人不都是如此吗……。这些想法实在是荒谬,是没有出息的。这样的人一味地去适应环境,环境怎样,就怎样适应,消极被动地生活着。他们忘记了自己是有头脑、有思维、有创造能力的大活人。最糟糕的是,这些想法使他们苟安偷生、不求上进和发展,到头来,只能是一穷到底,永远富不起来。

暗淡的思想

> 受苦的人没有悲观的权利。
>
> ——尼 采

这个故事的主人公叫做奥斯卡。1929年下半年的某一天，他在美国中南部的俄克拉何马州首府俄克拉何马城的火车站上，等候搭乘火车往东边去。他在气温高达43℃的西部沙漠地区已经呆了好几个月。他正在为一个东方的公司勘探石油。

奥斯卡是麻省理工学院的毕业生。据说他已把旧式探矿杖、电流计、磁力计、示波器、电子管和其他仪器结合而成用以勘探石油的新式仪器。

现在奥斯卡得知：他所在的公司因无力偿付债务而破产了。奥斯卡踏上了归途。他失业了，前景相当暗淡。

消极的思想极大地影响着他。

由于他必须在火车站等待几小时，他就决定在那儿架起他的探矿仪器来消磨时间。仪器上的读数表明车站地下蕴藏有石油。但奥斯卡不相信这一切，他在盛怒中踢毁了那些仪器。"这里不可能有那么多石油！

这里不能有那么多石油！"他十分反感地反复叫着。

奥斯卡由于失业的挫折，正处在消极思想的影响下。即使他一直寻找的机会就躺在他的脚下，但是由于消极思想的存在，他也不肯承认它。他对自己的创造力失去了信心。

对自己充满信心是重要的成功原则之一。检验你的信心如何，看看在你最需要它的时候，你是否应用了它。那天，奥斯卡在俄克拉何马城火车站登上火车前，把他用于勘探石油的新式仪器毁弃了。他也丢下了一个全国最富饶的石油矿藏地。

不久之后，人们就发现俄克拉何马城地下埋有石油，甚至可以毫不夸张地说，这座城就浮在石油上。

智慧
寄语

积极的思想能吸引财富，消极的思想只能适得其反。

抱着积极的思想，你就会不断地努力，直到你取得了你要寻找的财富。现在你可以从积极的思想出发，向前迈出你的第一步。有时你可能也会受到消极思想的影响，不过决不要轻易放弃努力，尤其当你距离到达你的目的地只不过一箭之遥时，你更不可停下来。奥斯卡就是这个原则的活生生的证明：积极的思想能吸引财富，而消极的思想只能排斥财富。

自助而后天助

从前在开罗有一个人，拥有巨额财富却不知节俭，生活放荡，以致家产荡尽，只剩下父亲遗留的房子。过了不久，他就不得不靠劳动谋生。他干活那么辛苦，有一天晚上在自己花园里的一株无花果树下睡着了，做起梦来。梦中有一个人来拜访他，对他说："您的财富在波斯，在伊斯法罕，到那里去寻找吧。"

第二天一早，他就出发了。他长途跋涉，遇到了沙漠、海洋、盗匪、河川、野兽以及种种危险。最后终于到了伊斯法罕，但是他一进城门，天就黑了下来。他走进一座清真寺，在院子里躺下睡觉。有一帮盗匪进了清真寺，盗匪的声音惊动了房子的主人，他大声呼救。邻居们也大声呼救，巡逻队队长终于率领官兵来到，把盗匪吓得逃之夭夭。队长命令在清真寺里搜查，发现了这个从开罗来的人，用竹鞭把他一顿好打，几乎打得他断了气。

两天之后，他在监狱里苏醒过来。队长把他叫去，问他："你是

谁，从哪里来的？"

这个人说："我从开罗来，名叫穆罕默德·阿里·马格里比。我是被梦中的一个人所指引，到伊斯法罕来的，因为他说我的财富在这里等着我。可是等我到了伊斯法罕，他所说的财富，却原来是你慷慨地赏赐给我的一顿鞭子。"

队长听了，禁不住哈哈大笑，最后，他说："你这个傻瓜，我接连三次梦见开罗的一座房子，它那庭院里有一个花园，花园往下斜的一头有一座日晷，走过日晷有一株无花果树，走过无花果树有一个喷泉，喷泉底下埋着一大堆钱。可是我从来没有去理会这些荒诞的梦兆；然而你啊，你这个毛驴跟魔鬼养的家伙，竟然相信一个梦，走了那么多的路。把这几个小钱拿去，滚吧！"

这个人拿了钱，走上了回家的旅程。他在自己家的花园（就是队长梦见的那个花园）的喷泉下面挖出了一大笔财宝。

智慧隽语

西谚说："自助而后天助。"我们的古谚也说："祸福无门，惟人自召。"自己的命运唯有自己去开创，别人是帮不上忙的。跌倒了再爬起来，勤劳不懈的人，上天自然会赐下恩典来给你。成功没有什么秘诀可言，真理都是平凡的，只看我们肯不肯努力，能够自助然后才能得到天助。

金钱的恐吓

有钱人说出来的傻话，在社会上被人看做富于智慧的格言。

——赛凡提斯

有个穷人，从来也不肯奉承富人。富人问他："我是富人，你为什么不奉承我呢？"

穷人说："你有你的钱，你又不肯白白地给我，我为什么要奉承你呢？"

"好吧！我把我的钱，拿1/5分给你，你肯奉承我么？"

"这还是不公平，我还是不奉承你！"

"那么，分一半给你，你该奉承我了吧？"

"那时节，我和你是平等的，我为什么还要奉承你！"

"那么，全给了你，总应该奉承我了吧！"

"那时节，我已是富人，你倒是应该奉承我。"

　　有许多人都让金钱和有钱人吓得不轻。许多有钱人行为失检，态度恶劣，可是不受别人的指责。问题并不在于他们自身，而在于那些听任自己被金钱和有钱人吓得不敢做声的人。金钱对人本是一件了不起的东西，本是替人提供美妙机会的一种手段，这不是说有钱的人要比别人更有价值，把我们自己看得"不如"他们，会妨害我们建立自信的进程。我们要记住，我们都是一些了不起的人，我们的权利和别人的权利一样的重要。

正视账单

"睡吧，别再胡思乱想了。"一个商人的妻子不停地劝慰着，她丈夫在床上翻来覆去，折腾了足有几百次。"唉，老婆子啊，"丈夫愁眉苦脸地说，"你是没遇上我遭的罪啊！几个月前，我借了一笔钱，明天就到了还钱的日子了。可你知道，咱家哪儿有钱啊！你也知道，借给我钱的那些邻居们比蝎子还毒，我要是还不上钱，他们能饶得了我吗？为了这个，我能睡得着觉吗？"他接着又在床上继续翻来覆去。妻子试图劝他，让他宽心："睡吧，等到明天，总会有办法的，我们说不定能弄到钱还债的。"

"不行了，一点儿办法都没有了。"丈夫喊叫着。

最后，妻子也忍耐不住了，她爬上房顶，对着邻居家高声喊道："你们知道，我丈夫欠你们的债明天就要到期了。现在我告诉你们一些不知道的事。我丈夫明天没有钱还债！"她跑回卧室，对丈夫说："这回睡不着觉的就不是你而是他们了。"

账单不是什么人身攻击，而是用来提醒你还没有付清一些商品的货款。但我们时常因尚未付清的账单感受到压力，我们也很容易根据恐惧的心理状态行事，我们会让自己被那些在威胁恫吓方面训练有素的讨债人味倒，并因羞愧、胆怯而一筹莫展，手足无措。这时唯有面对现实，承认我们无法控制自己的处境，并把我们的命运信托给我们的信念，这样就会消除我们的恐惧。坚定的信念会帮助我们消除原先消极的、只会更增加恐惧的思想。这是学会运用我们天赋才能的第一步。然后我们就能够诚实地面对我们的债主，承认我们的问题，开始做出安排去还清我们的债务。

也许有些借钱的人会说："让他们等着他们的钱吧。生活得好是我最好的报复的办法。"说这句话的人，叛逆心理很强，他往往能想起从前父母没法付清账单的情景。因为他们心里余怒未息，耻辱未消，所以他们纵然有钱付账，却还是让他们的债务人等着。也许你会记得，当你家里被切断了水电供应时，其实你有钱付清账单，可是童年时代的报复心理却告诉说："你那时候让我吃足了苦头，那好，现在我要让你来吃点苦头了。"可是你并不知道，他们根本不曾因此而吃到任何苦头。任何人抛却了这类愤懑的情绪，都会解放自己。如果我们能够理智地为本身的好处而行事，就能做出合乎情理的事情来，譬如把付账看做是一种定期而合理的例行事务。不受愤恨干扰的生活才是真正舒适的生活。

贪欲无穷

一个穷人，对神仙十分虔敬。神仙被他感动，决定帮他一把，于是在他面前显灵，朝路边的一块砖头一指，砖头变成了金砖，送给他。可是这个穷人并不满意，神仙又用手一指，把一尊大石狮变成金狮，一并送给他。可是他还嫌太少。

神仙问他："怎样你才满意呢？"

这人支吾了一阵，说："我想要你的这个手指！"

神仙大怒，愤然离去。

金砖和金狮立刻变成原来普通的砖头和大石狮子。

智慧
旁语

人是有欲望的，正因为有欲望，才能培养出上进心，然后一步步地努力前进。说人类的历史就是部欲望的历史并不为过。

但是，欲望超过限度会使人毁灭。有些人为了金钱往往变得盲目冲动，甚至失去生命。

所以，欲望虽然可以使人成长，却也会使人走向毁灭之路。

叔本华说过："财富和海水非常类似，越喝喉咙会越干燥。"

为获得财富而付出的努力，的确非常可贵，但如果为了获得财富而不择手段就不可取了。用不正当的方法，即使得到了一笔庞大的财富，这个人的人性与声望也会因此堕落。

凭自己的劳动赚取财富，才能得到社会的认同。欲望能使人产生向上心，不断地努力。经过努力所得到的财富是可贵的，而不择手段所获得的财富，只会使人性堕落。

痛苦的俭省

> 一个视钱如命的人从不会满足他所得到的金钱，同样，一个守财奴也不会满足他所得的钱。
>
> ——《传道书》

一个妖精得到一批贵重的金银财物，埋藏在地下。它接到了直接从魔鬼大王那里传下来的命令，要它越过大海和陆地，执行一次非常重要的任务。这样的差使，不管妖精们本人乐意不乐意，既然是命令，就一定要执行。妖精十分苦恼，拿不定主意：它走了以后，怎样确保金银财物的安全呢？谁可以万无一失地把它看管好呢？把它锁起来，雇一个人看守吧，太费钱了。就这样随它去吧，一定会有丢失，时时刻刻都要担心它会出什么乱子：盗掘呀，打开金柜呀！——金钱是逃不过人的眼睛的。妖精伤了好久的脑筋，才想到了它应该采取的办法。凑巧它的房东是个吝啬鬼。妖精带着全部金银财物，在出发之前去找他，跟他说道：

"亲爱的房东，我今天刚知道我得离开家到外国去。我和你一向相处得很好，作为朋友之间临别的赠品，我希望你不会拒绝我这些小小的财货！吃啊，喝啊，随你老人家高兴，这些金元你可以随意花费。当死

亡结束了你的尘世的忧患时，我就来当你的唯一的继承人，我只有这么一个要求。说到这一点呢，我还希望你长命百岁哩。"

妖精交代之后便出发了。十年过去了，又是十年过去了，妖精完成它的任务后，回到美好的故土，回到甜蜜的家里。

啊，多么令人高兴的景象！全部金元原封未动，守财奴靠着金柜饿死在那里，手里还紧紧地握着钥匙哩。妖精从守财奴那皱缩的饿瘪的手指中悄悄地取出了钥匙，找到了这样一文钱也不花的看管人，妖精当然是满心高兴的。

你听了"俭省"这个词语有何反应？你觉得它带有惩罚的意思吗？可以接受吗？舒适吗？不幸的是，大多数生活得非常俭省的人都拒绝让自己快乐。为了以后日子舒适而小心地节约是可取的，可是不该因此而使现在的日子过得匮乏。当我们错过了今天生活中那些美丽和奇妙的东西时，老年时光就会迅即到来。俭省到了什么钱都不花，无法在美妙的事物中享受乐趣，那么这种日子活着也会感到痛苦。明智地对未来从长计议地筹划，使这计划成为安详而愉悦的生活的一部分，你就可以过着幸福愉快，并且富有的生活。

钱要使用

从前有个磨坊主，他对金子的爱超过了一切。这种爱占据了他的整个身心，以至于他变卖了他的所有家当来买回他所深爱着的金子。然后把他所有的金子都熔铸成一大块，把它埋到地里。每天黎明，他都急急忙忙赶到地里，把他的这一大块闪闪发光的财宝挖出来，把玩亲昵一番。

有个小偷注意到了磨坊主每天早上这些偷偷摸摸的举动，于是在一天夜里，他挖出了磨坊主的宝贝，把它偷走了。

第二天早上，磨坊主挖呀挖呀，但什么也找不到。他痛苦地嚎哭起来，这哭声撕心裂肺。最后一位邻居走过来，看看到底发生了什么可怕的事情。

当邻居听说是金子被偷了时，他对磨坊主说："你这么悲痛干什么？你根本就没有金子，所以你什么也没有丢。你就假想你有金子，现在你也可以假想你还拥有着金子。就在你埋金子的地方埋一块石头吧，

假想一下那块石头就是你的财宝，这样你就会再次拥有金子。当你真的有金子时你从来就不用它，现在只要你决定还不用它，你就永远不会失去它。"

智慧
旁语

　　这个磨坊主有一个聪明的邻居，但这并不意味着磨坊主就可以轻易听进邻居的劝告。守财奴一向不愿意用他们的巨大财富为他人造福，他们因此而臭名昭著。如果这个邻居按人们惯常的做法对磨坊主丢失金子表示同情，那么一个重要的事实就被忽略了。仅仅拥有某物并不能转化成财富，财富来自对拥有物的使用。如果金钱要拥有被称做金钱的意义，它就必须流通起来。金钱的流通是金钱发现它所衡量的财富的关键，血、水和精神也都是这样。把金钱埋到地里象征着从你的生活中去掉生命的活力。其实，金钱是守财奴从世界上得到的最少的回报，因为它只是一个象征，它象征着可以被分享的爱、慈、善、欢乐和创造力。守财奴因其爱财如命，吝啬不通事理而拒绝了真正的生活，并从真正的生活中脱离出来。邻人没有同情可向守财奴施舍，但却给了他一个机会来看清那些未被利用的财富的虚幻本质。

　　如果我们将挣钱作为任何努力（或我们生活）的目标，我们就看不到金钱被发明出来的原因，也就看不清金钱究竟为什么服务。当然，在家庭中，金钱的使用可以为家人带来好处，使家人一同分享食物和爱；在商业中，金钱的流通可以为生产活动带来便利，可以促进财富的生产以提供给整个社会。如果我们只是把我们的能量，我们生产活动的成果贮藏起来，我们就会所得甚少，我们也就从自己那儿偷去了我们和他人以及社会的联系，而正是这些联系使用生活充满意义。

财富之仆

一个人因收取贿赂被带到法官那里。这个人罪行昭著，所以人人都希望他受到应得的惩罚。法官是个通情达理的人，他提出三种接受惩罚的方式让犯人自己选择。第一种是罚100块钱；第二种是抽50鞭子；第三种是吃下5千克洋葱。罪犯既怕花钱又怕挨打，就选择了第三种。"这倒不是什么难事。"当吃下第一颗洋葱时，他这样想。可他越往下吃越难以忍受。吃下2千克洋葱之后，他流着眼泪，喊着："我不吃洋葱了，我宁愿挨50鞭子。"他是个守财奴，不愿多花一个子儿。执鞭的衙役把他按在一条板凳子上，他看见衙役凶狠的目光和结实的鞭子，不由吓得浑身发抖。当鞭子落在他背上时，他疼得大叫起来。当打到第十下时，他终于受不了了。"大老爷啊，可怜可怜我吧，别再打我了，就让我出100块钱吧！"这个罪犯，他不想挨打，又不想出钱，结果是受到了三种惩罚。

善于赚钱非常困难，善用金钱就更难了。

金钱的存在价值究竟是什么呢？

金钱是为了使用而存在的，如果将金钱贮存起来，不做任何使用，金钱等于是一堆废物。

因为人死后并不能将金钱带入棺材，所以，将应该储存的金钱花掉也不必唉声叹气。

如果把钱用完了，与其心疼、烦恼，不如从明天开始更努力地工作。对一个人来说，拥有这种心理更重要。

对金钱不要耿耿于怀，每天应思考如何才能使自己有意义地生存下去才是最重要的。

金钱乃生不带来、死不带去之物。所以，我们应该善用金钱，毕竟金钱是为了方便使用而存在的。

盲眼劫匪

可诅咒的黄金欲，人心在你的驱使下什么事干不出呢？

——维吉尔

有个齐国人，日日夜夜的转念头，希望得到一块金子。可是，除了金店，到哪里去弄到金子呢？有一天，他起个大早，匆匆忙忙地穿好衣服，就赶到市上的金店里去。

在金店里，果然看见许多黄澄澄的金子。他越看越眼红，越想得到金子，便动手抢了一块，拔腿就跑。跑不多远，就给别人捉住了。

捉他的人说：

"你这个人好大胆！光天化日之下，竟敢在这么多人的眼前，动手抢人家的金子！你也不睁开眼睛看看！"

抢金子的人回答说：

"在我眼里，只看见黄澄澄的一块块的金子，根本就不曾看见一个人。"

一个犹太故事也阐述了钱会蒙蔽我们双眼的道理。一天，一个拥有无数钱财的吝啬鬼去他的拉比那儿乞求祝福。拉比让他站在窗前，让他看外面的街上，问他看到了什么，他说："人们。"拉比又把一面镜子放在他面前，问他看到了什么，他说："我自己。"拉比解释说，窗户和镜子都是玻璃做的，但镜子上镀了一层银子。单纯的玻璃让我们能看到别人，而镀上银子的玻璃却只能让我们看到自己。

金钱的危险在于，它蒙上了我们的眼睛，使我们眼中没有旁人。这和食物相比，是多么的不同。大家可以一起愉快地分享食物，他们将食物看成是自然的礼物，并愿意把它和旁人一起分享。而金钱则鼓励我们只注重自己，并以扭曲的心去看待金钱，而将周围的人视为虚无。

体验富足

　　有一个农民，名叫帕霍姆，他已经很富有了，但仍然不满足。为了得到更多的土地，他去向巴什基尔人买地。巴什基尔人的首领告诉他："我们卖地不是一亩一亩地卖，而是一天一天地卖，在这一天时间里，你能圈多大一块地，它就都是你的了，但是如果日落之前你不能回到起点，你就一块土地也得不到。"

　　这天早晨，人们来到了一个小山岗。帕霍姆出发了，他大步往前走，每块地都很好，丢掉可惜。他就一直向前走去，直到看不见出发点才拐了弯。这时看看太阳，已到中午，天变得热起来。帕霍姆稍事休息，吃了些干粮，喝了些水，又继续前进。天气热极了，而且他觉得困倦得很，但他仍不停地走着，心里想：忍耐一时，享用一世。

　　他往这个方向又走了许多路，抬头望一望太阳，已经到了下午。"不行了，"他想，"只好要一块斜地，我得走直路赶回去。就要这么

多，地已经够多的了。"帕霍姆连忙做个标记，取直路朝山岗走去。

他开始觉得吃力。身上出了许多汗，他很想休息一下，但是不能，怕日落前走不到终点。他看一看前方的土岗，又看一看太阳，终点还远，而太阳已经快到天边了。

帕霍姆继续这样向前走，他已经很吃力了，但是还在不断地加快步伐。他走啊走，终点还是很远。于是他小跑起来。因为害怕跑不到，他更加喘不过气来，口干得发苦，胸膛里好像在拉风箱，心跳得像一把小锤在敲击，两条腿已经麻木。帕霍姆恐惧起来，可又不愿停步。"我已经跑了这么多路，现在要是停下来，人家准会叫我傻瓜的。"他跑啊跑，渐渐接近终点，而且听见巴什基尔人在对他喊叫了。他拼出最后一点力气向前跑去，太阳已经到了天边，变得又大又红，眼看就要沉下去了。

帕霍姆看看太阳，太阳已经到了地平线上，并且开始下沉，形成一个弯弓。他使出最后的力气向前冲去，两只脚好不容易跟上，使身体不致扑倒。他一口气，登上山冈。帕霍姆两腿一软扑倒在地，两手伸出去够着了起点。

帕霍姆的雇工跑过去，想扶他站起来，而他口吐鲜血，已经死了。

雇工拾起铲子，给帕霍姆掘了一个墓穴把他掩埋了，墓穴有 3 尺长，正好放下他的躯体。

智慧
箴语

有些人从来就不曾体验因富饶而产生的那种美妙的完整之感。他们整天把自己裹在贪欲所带来的痛苦中，就好像上面镶嵌着愤怒、憎恨、辛酸、妒忌的沉重斗篷，将他紧紧密密的遮掩住。他们的不适将会一直

延续下去，直到他们发现自己还可以做出别的选择。当人们在匮乏的环境里长大的时候，他们也许会觉得无论什么东西都不能除去当年的欠缺带给他们的那份痛苦。从来不曾由于足够而感到满足，这种心情将会在贪婪的状态里延续不已。我们在知道有权享受财富和富足的同时，也应明白知足是最大的富有。

财富属于乐享它的人

> 人生有两件事可当做目标：首先得到你要的东西，然后，乐享它。只有最明智的人才能做得到第二点。
>
> ——罗根·皮尔沙·史密斯

　　一位正直的老人在酷热难当的天气里亲手耕犁他的土地，亲手把纯净的种子播撒进松软的地里。

　　忽然，在菩提树的宽阔树荫下，一个神的幻象出现在他的面前！老人非常惊讶。

　　"我是所罗门，"这个幽灵用亲切的口吻说，"你在这儿做什么，老人？"

　　"如果你是所罗门，那你还问什么？"老人回答说，"在我童年的时候，你叫我到蚂蚁那儿去，我看到它们的所作所为，从它们那里学会勤奋和积蓄。我从前学到什么，我现在就要做什么。"

　　"你只把功课学会了一半，"幽灵说，"再到蚂蚁那儿去一次，还要从它们那儿学会在你生命的冬天里去休息、去享受自己的贮藏。"

人生的智慧有两种：获得财富和享受财富。懂得前者的人不多，懂得后者的人就更少了。再大量的物质财产也产生不了财富。使我们富有的，是"乐享"我们之所有——无论它多大多小。"财富不属于拥有它的人，"富兰克林说，"而属于乐享它的人。"

为了无止境地追求事物而不能享受我们已有的东西，常言的比喻是"推磨子"。富雷德·阿伦称之为"推磨忘我"。"你取得的能力如果超过了你享受的能力，"葛林·巴克说，"你就是走上了一无是处之路。"

该享受的，是我们面前——与我们内心里——的东西。享受的时间是现在。"我们可以放着一堆乐趣，就如我们可以存放一批葡萄酒，"查尔斯·柯尔顿说，"不过，要是我们拖延太久才品尝，我们会发现两者都会变得又老又酸。"

太多人将人生的享受推到某个模糊的"以后"，亦即达成某个目标、得到某个人或某种能力之时。但愿我们永远莫让我们不可能有、此刻没有、或不应该有的东西破坏我们对已有或能有的东西的享受。里查·伊文斯曾经警告我们珍惜幸福，就不要忘记它，因为人生的最大教训之一就是，在没有我们不可能有或不应该有的东西的情况下懂得快乐。

灵魂深处之贪

> 像试金石可以试验黄金一样，黄金也可以试验人。
>
> ——谚 语

一位伊斯兰教的苦行僧，自得其乐地过着清苦的生活，并希望以此进入天堂。有一次，他遇见了一位他认为是世界上最富有的王子。这位王子在郊外安了一座帐篷供自己消遣娱乐。这座帐篷是用名贵材料制成的，就连固定帐篷的钉子，也是用黄金打就的。那位经常宣传苦行好处的苦行僧，用了无数的言词批评这位王子，他说财富是毫无用处的东西，说王子用金子做帐篷钉是虚荣，还说人类的忙忙碌碌最终只能是一场空。苦行僧说，只有圣地才是最崇高、庄严和永恒的，人们要是抛弃了财产，就能得到最大的快乐。王子默默地听着，并认真思考了一会儿，最后他拉着苦行僧的手说："对于我来说，你的话就像太阳的光芒，就像傍晚清新的微风。朋友，和我一起走吧，伴我登上朝圣之路吧!"王子连头也没回，没带一文钱和一个仆人，就上了路。

苦行僧非常惊讶，在后面边追边喊："殿下，请告诉我，您真的考虑好了要去朝圣吗?如果真去，请等等我，让我带上我的斗篷。"

王子和蔼地笑着说："我抛弃了我的财富、我的马、我的黄金、我的帐篷、我的仆人、我的每样东西。可你回去仅仅是为了取一件斗篷？"

"殿下，"苦行僧惊奇地说，"请您解释一下，您为什么能抛弃您的财产，甚至连那件王子穿的斗篷也不带上呢？"

王子用缓慢但坚定的语气答道："我把金子的帐篷钉打入地里，却没把它们打入我心里。"

爱财的人，在钱财面前就是弱者；好名的人，在名誉面前就是弱者；爱权的人，在权势之前也就成了弱者。那么如何才能成为强者呢？很简单，只需"清心寡欲，无所需求"即可。

拥有富贵的人，切勿贪图享受，否则便无威严。多数人在获得了相当的财富后，往往任由自己的贪求之心泛滥。贪求，是一种永无餍足的心理，有了贪求之心而得不到满足，就会生出恼恨，怀有恨意的人自然不讲理，不讲理的人，就容易犯罪。

想清除贪欲，唯有接受灵魂的洗礼，那会令我们知足而安静，原来懦弱的人，也会因此而变成强者。

压死人的包袱

> 鸟翼上系上了黄金，鸟也就飞不起来了。
>
> ——泰戈尔

永州人善于游水。有一天，河水暴涨，水势很急。同行的五六个同伴，因为都识得水性，所以还是乘上小船，横渡到对岸去。哪知到了河中间，小船破了，他们就索性跳下船游泳过去。但其中的一个，虽然拼命地向前游，还是游得很慢。

他的同伴就说："你是个游泳好手，比我们都强，今天怎么啦，落在我们后面？"

这人就说："我腰上缠着1000大钱，很重，所以就落后了！"

"解下来，丢掉！"同伴们都劝他。

这人已经筋疲力尽了，可还是摇着头，舍不得这1000大钱。

有的人已经爬上岸了，看见这人马上要沉下去，就大声喊道："快把钱丢了！你为什么这样愚蠢，性命都快要没有了，还舍不得这几个钱！"

可是这人还是舍不得钱。不久，他就沉下去溺死了！

智慧
旁语

你现在和呱呱落地时已截然不同。出生时，你一无所有，但年复一年，你已被沉沉的包袱压得喘不过气来，如果以安全的观点着眼，你的生命之旅不再是乐趣，而是一种折磨。

从今天起，卸下你沉重的负荷吧。

人真正的价值，可由他轻贱和重视的对象来衡量，生命最大的礼赞，已经与你同在，或者唾手可得。你过去曾为了追求财富，跌撞得头破血流，但请你现在睁开双眼看清楚，爱情、平常心和幸福都是人间瑰宝，没有任何好运、土地或钱财能与这些无价之宝等量齐观。

你终身劳苦而拥有的财富和你享受到的世俗的欢乐都是过眼云烟，你不可能带着它们离开人世。你可允许财富进入你的屋内，但永远不要让它主宰你的心灵。

不要羡慕拥有万贯家财的富人，金钱的包袱不光是对你太过沉重，对他也是如此。你不必像他一样，牺牲健康、安宁、荣誉、爱情、平静和良知，去获得这些东西。这种交易的代价太高，最后总是弄得人全盘皆输。

生活尽量淡泊，对微不足道的事也能心满意足的，才是最富有的人。

丘吉尔炒股记

> 股票投资，没有世袭的技巧，只有利用活钱的智慧。
>
> ——彼得·林奇

1929 年，丘吉尔的老朋友、美国证券巨头伯纳德·巴鲁克陪他参观华尔街股票交易所。那里紧张热烈的气氛深深地感染了丘吉尔。当时他已年过五旬，但狂傲之心丝毫未减。在他看来，炒股赚钱实在是小菜一碟。他让巴鲁克给他开了一个户头——"老狐狸"，丘吉尔要玩股票了。

丘吉尔的头一笔交易很快就被套住了，这叫他很丢面子。他又瞄准了另一支很有希望的英国股票，心想这家伙的老底我都清楚，准能大胜。但股价偏偏不听他的指挥，一路下跌，他又被套住了。

如此折腾了一天，丘吉尔做了一笔又一笔交易，陷入了一个又一个泥潭。下午收市钟响，丘吉尔惊呆了，他已经资不抵债要破产了。正在他绝望之时，巴鲁克递给他一本账簿，上面记录着另一个温斯顿·丘吉尔的"辉煌战绩"。原来，巴鲁克早就料到像丘吉尔这样的大人物，其聪明睿智在股市之中未必有用武之地，加上初涉股市，很可能会赔了夫人又折兵。因此，他提前为丘吉尔准备好了一根救命稻草——他吩咐手下用丘吉尔的名字开了另一个账户，丘吉尔买什么，另一个"丘吉尔"就卖什么；丘吉尔卖什么，另一个"丘吉尔"就买什么。

丘吉尔一直对这段耻辱的经历守口如瓶，而巴鲁克则在自己的回忆录中详细地记述了这桩趣事。

智慧
赢语

据说爱因斯坦死后进入天堂，上帝将他安排在一间 4 个人的房间里。爱因斯坦问第一个人智商是多少，那人回答为 160。爱因斯坦喜出望外地说："好！我正担心来到这里找不到探讨相对论的伙伴呢。"他又问第二个人，那人说他的智商是 120。爱因斯坦显然有点失望，叹了口气说："也好，我们还是能探讨些数学问题。"他最后问第三个人，那人说他的智商不到 80。爱因斯坦皱起了眉头，良久之后说道："看来我们只能侃侃股市了。"

事实上许多平凡人都可以通过投资股票致富，投资与你的学问、智慧、技术、预测能力无关，也和你所下的工夫不相干。归根结底，完全看你是不是能做到投资该做的事。做对的人不一定很有学问，也不一定懂得技术，他可能很平凡，却能致富，这就是投资的特色。

一个人只要做得对，他不但可以利用投资成为富人，而且过程轻松愉快。因此，投资理财的人不需要是天才，不需要什么专门知识，只要肯运用常识，并能身体力行，必有所成。同样，投资人根本不需要依赖专家，只要拥有正确的理财观，你可能比专家赚得更多。

股悲民哀

> 股票是安全性最高的赌博，不但要有输得起的气魄，还要有赖于思考力与忍耐力的结合。
>
> ——邱永汉

一股民对另一股民说："股市波动厉害，我整天吃不下睡不着。"

"可我睡得像婴儿，"另一股民说，"每隔三四个小时我就要醒一次，哭一场。"

智慧旁语

这则笑话告诉我们在变化多端、复杂难测的投资世界里，各种不确定的情况都可能发生，我们称之为风险，而当风险发生之时，你该如何面对它，这是每一位投资人所必须面对的问题。风险之所以称为风险，就是因为未来的结果，具有不确定的因素存在，是无法规避的。投资切忌只顾及报酬，而忽略了风险，因此，在投资前要做好心理准备，要认

识到投资的风险所在。

任何人在承受风险时都有一定的限度，风险超过限度，就可能对人的情绪或心理造成伤害。所以进行投资时，必须考虑自己能够或者愿意承受多少风险。下面的一组试题可以测验你承担风险的能力。

1. 你有足够的收入应付家庭的基本所需吗？

2. 你有合适的人寿、健康保险吗？

3. 万一你的主要收入中断了，你是否有足够的积蓄应付？

4. 你是否摆脱得了繁重的财务负担？

5. 你若在股市中损失了部分钱，你承受得了吗？

根据自己的回答来判断你承受风险的程度，这对每一位投资人都是有益的。

要想成为一个成功的投资人，就必须先摒除规避风险的习惯，重新拾回冒险的本能，进而培养一种健康的冒险精神。的确，积习已久的避险习惯，想在短时间内改变过来，谈何容易。但是，既然冒险是成功致富不可或缺的要素，学习投资的第一要务，就是应该克服恐惧，强迫自己冒险。培养健康的冒险精神，勇于投资在高报酬的投资标的上，并承担其所伴随的高风险。

世界上任何领域的一流好手，都具备健康的冒险精神。那些利用投资股票致富，实现梦想的人，也都是如此，都是以冒险的精神作为后盾。切记！处处小心谨慎，则难以有成。如果缺乏冒险精神，梦想将永远都只是梦想。

投机取巧

> 贪多的人，一定多失。
>
> ——霍勒斯

一位商人到银行去申请贷款，银行总经理问他生意做得如何，他回答说经营的很好。这位经理想了一会儿，说："既然赚钱，为什么又来贷款购买废铁？你想再大赚一笔，这未免太贪心了，要是我就不会这么做！如果我的生意不好，也许会孤注一掷，但是生意做得好好的，又何必不知足呢？"

这位总经理居然说不借就不借，商人只好气呼呼地走了。

两个月后，这位商人去拜谢他。银行经理奇怪地问："我没借钱给你，你反而来感谢我，这倒是头一遭，你这是什么意思？"这位商人回答："废铁跌价了，大约跌了30万元，因为你没有借钱给我，所以我没有受到任何损失。"

"投机"这件事，不管它是属于哪一类型，如果把它当做是致富之道，那是非常危险的。

我们开始做投机生意时，也许会有一两次的赚钱机会，可是到头来还是亏本的居多。到那时不仅要把所赚的钱损失掉，甚至会弄得血本无归。

一位股市上的风云人物曾说过这样一番话："许多人认为我在股票生意中很成功，可是仔细计算下来，我才知道如果把在投机生意中所用的资本、时间和精力，用在更正当的生意上，那么我的财产可能会比现在更多，因此我总觉得自己误入歧途，至今还在为此后悔不已。"

莫追求无用之财

> 当用时万金不惜，不当用一文不费。
>
> ——谚　语

有一次，一个朋友请富兰克林参观他的富丽堂皇的新居。他领富兰克林走进一间大得足够召开议会的起居室，富兰克林问为什么把房间搞得这么大，这个人说：

"因为我支付得起。"

然后，他们又走进一间可容纳50人的饭厅，富兰克林又问干吗这么大，这个人再次重申"因为我支付得起"。

最后，富兰克林愤怒地转向他，说：

"你为什么戴这么一顶小帽子？你为什么不戴一顶比你的脑袋大10倍的帽子？你也支付得起呀。"

聪明的人能从别人的损失里学到许多东西，而愚蠢的人从自己的损失里什么也学不到，别人遇到祸患，自己学得谨慎，这样的人是幸运的。很多人为了穿得好而饿肚子，并且还使他们的家人饿得半死。绸子缎子，红衣绒衣，让人粮断火熄。那些都不是生活必需品，也称不上是便利之物；可是，就因为它们看上去漂亮，有多少人趋之若鹜！可见，人类的物欲远远超过自然之需，正如有人所言，对于穷人来说，贫穷是无边的。

由于这类奢侈和其他的浪费，绅士们将会变得贫困，而被迫向那些曾为他们所不屑的人去借债，后者则通过勤劳与节俭赢得了地位。显然，一个站立的耕者要比一个跪下的绅士高大。也许他们还剩有一点产业，连他们也不知从何而来。他们想：白天变不成黑夜；从这么多财富里面花费一点是无足轻重的。可是，只出不进，粮仓很快就见底，正如富兰克林自己所言，"井干方知水贵。"这一切他们本该早就知道，如果他们采纳了这句良言："如果想知道金钱的价值，那么就去借钱试一试。"因为谁借钱，谁犯难。而且，如果借出了钱，在讨还的时候也是如此。进一步忠告："锦衣玉食是祸根，何不珍重惜分文。"

再者，虚荣如乞丐，行事更莽撞。一旦你买了一件漂亮的物品，你还会去买10件，然后便一发而不可收。如果你不能压住你的第一个愿望，那么随之而来的愿望就无法满足。如果穷者模仿富者，那是愚蠢的，如同青蛙要把自己胀得像牛一般大一样。因为，大船能迎风浪，小舟不可远航。

那么，抛掉你那些挥霍无度的蠢行吧，这样你就不会有那么多世道艰难、税收太重、家庭不堪重负之类的抱怨了。

装阔夸富

> 知足是天赋的财富，奢侈是人为的贫穷。
>
> ——苏格拉底

一位阔少经常到酒吧吃喝玩乐，并且每一次都出手大方，毫不犹豫。一天他问酒吧间的侍者："你最多一次得过多少小费？"

"100美元。"

阔少立即掏出200美元递给侍者说："下次再有人问你谁给的小费最多时，可别忘了提我的名字。"

"是的，先生。"

那阔少想了想又问道："对了，那100美元是谁给你的？"

"也是您，先生。"

智慧隽语

学会花钱，也是致富的一个必要条件。世界上最会赚钱的人，无不是最会花钱的人。小气，并不是讽刺，这是有钱人的看家本领。精打细算，不乱花钱，才是大富翁的真正风度。然而在生活中我们时常会发现，越是没钱的人，才越爱装阔。这似乎是个心理问题。因为大多没钱的人容易产生抗拒心理，他们内心常在交战："难道我只能买这种便宜货吗？"自怜便油然而生，更因顾虑到别人的眼光而忐忑不安。所以当他们面对一件商品时，往往考虑虚荣要比考虑价格的时候多，没钱的自卑感像魔一样缠得他们犹豫不决，最终屈服于虚荣，勉强买下自己能力所不能及的东西。于是，社会中有了一种怪现象，越穷的人，越不喜欢廉价品。仔细想想，穷人的虚荣心总比富人强，他们因为乱花钱而永远无法存钱，富人则相反。

如果你留心看看那些旅游观光的外国客人，他们的穿着打扮，都很随便和简朴的，有的几乎近于邋遢，事实上，这些人中不乏富豪之人。

年轻人往往是最爱虚荣的，一个刚赚了一点钱的小伙子，却非要请女友吃高级餐馆，入高级舞厅。在国外，有些只租得起3平方米小房间居住的年轻人，却非要倾其所有积蓄买一部汽车带着女友玩。试想，这样的年轻人又怎能不穷呢？越穷越装阔，越装阔越穷，形成了一个跳不出去的贫穷的恶性循环。

贪图大财

自己口袋中的小钱，胜过别人口袋里的大钱。

————塞万提斯

　　渔夫捉到一条小鱼。小鱼说：

　　"渔夫，放我回水里去好吗？你看，我太小，给你的好处不大。你放了我，待我长大你再来捉，那时候你得到的好处会大一些。"

　　渔夫说：

　　"放过手中的小利去等待大利的人是傻瓜。"

智慧 箴语

　　古人教训我们："勿贪图大财，只要能赚小钱就够了。"这是致富的真理。发财之心，人皆有之，遗憾的是：大财之后，往往会有大祸。这就如同波浪一般，掀起的浪头越高，跌下来时就越重。

　　人，永远敌不过命运的摆布，发了大财的人，总是躲不过一些天灾

人祸，或其他意外的损失。所以，发小财的人应当知足，小财比大财更令人心安。

再说，登高必自卑，行远必自迩。连小钱都不会赚的人，怎么能赚得到大钱呢？

一笔真正的好买卖

> 如果你知道怎样减少消费，要比怎样赚钱更清楚的话，你就拥有了点金石。
>
> ——富兰克林

有一个美国富豪，前往梵蒂冈拜会天主教教皇。两人在罗马教廷的花园中散步、密谈，另有一枢机主教随付在侧。这位美国富豪非常富有诚意地要捐出一大笔巨款，给教会做慈善之用，但教皇始终皱着眉头，不愿意答应。

"捐1000万美元好不好？"

"不行！"

"2000万美元，好吗？"富豪再说。

教皇还是摇摇头。

"5000万美元如何？"

教皇依然不愿松口、不肯答应。

过了几分钟，美国富豪很大方地再度请求："这样好了，我捐1亿美元，可以吗？"

教皇似乎有些心动，但仍然很痛苦地摇头拒绝。于是，美国富豪只

好失望地怅然离去。

在旁的枢机主教见状，急忙向教皇劝道："教皇，您何必这么坚决不答应呢？您知道，1亿美元，我们可以盖多少教堂、帮助多少饥饿的穷人、盖多少医院……，为什么？"

"哎呀，你不知道呀！那美国人要我们以后做弥撒、祈祷结束后，不说'阿门'，而要改说'可口可乐'啊！"

和故事中的富翁用金钱诱惑教皇一样，广播电台里和电视荧幕上的商业广告，报纸和杂志上的分类广告，它们都在那儿施展各种招数来迷惑我们，让我们心甘情愿地和我们的钱分手。面对这样的处境，我们必须集中精神，冷静地就我们财务的范围安排好自己的生活，让自己意识到，是我们自己控制着我们的消费。对我们应该如何购买，何时购买和购买什么做出决定的是我们。把这个责任承担起来，就能让我们在处理金钱时，变得安之若素，并且理直气壮地赚取金钱。能够为了我们自己的利益而进行消费，这是我们管理自己财务上的最为重要的项目之一。

我们身边时刻都存在着像故事中那位主教的人，这些人总是在诱惑出现时对你说："现在不买，就会失之交臂。"因而使你仓促从事，以致将来后悔不已。其实机会多得难以胜数。如果你看情况似乎有点不妙，你根本不必现在就急于动手。假设现在有人对你说："如果你今天不签字的话，你就会错过一笔好买卖。"你的回答是："如果我一定得仓促地做出决定的话，这就意味着我并不需要做这一笔买卖。"学会明智地购买东西得花时间和耐心，当我们受到了外在的压力要我们现在就买，而我们却知道冷静做出聪明的决定时，这才是一笔真正的好买卖。

从众消费

> 不要买自己想买的东西，而要买自己需要的东西；不需要的东西即使只花一分钱，也是昂贵的。
>
> ——马·加图

有一对老夫妻，辛劳了一辈子，也清贫了一辈子。以前他们把"吃饱、穿暖、有个窝"，当做生活追求的全部。前两年，看见别人装修房子，他们并不动心，还说："算了，能活多久呢？还是搬到阴曹地府再说吧。"可是，当家庭装修的热潮成为人们生活的一大时尚时，他们却变得坐立不安。老汉东家瞧瞧，西家望望，回来猛捶大腿，惊呼："70多岁白活了！"经老两口合计，拿出省吃俭用大半生的全部积蓄，把居室来了个彻底地改头换面才觉安稳。

智慧旁语

从众是指个体常常自觉或不自觉地受到群体压力，而在知觉、判断、行为上表现出与群体中大多数人一致的行为。消费观念并非与生俱来，而是在后天环境中随着社会时代的发展逐渐形成的。因此，它更易受环境的影响和制约。一些原无意消费某种商品的人，在看到周围人纷纷拥有时，终因难禁诱惑而随群附众。

从众也可使大多数人陷入盲目消费的误区，为自己的经济生活带来压力，阻碍创富计划的顺利实现。消除它的最有效的方法，就是树立信心，降低对物欲的追求，建立起正确的消费观。

除此之外，驱使我们进行如此消费的还有一种心理，就是攀比心理。大多数人都有一种好胜心理，这本是好事，但一些人为保全一时颜面，往往出手阔绰，不惜一掷千金。在消费方面，则通过购买高档物品、进高级餐馆等方式予以体现。生活中常有这样的事：你盖三层楼，我盖四层；你铺化纤地毯，我铺羊毛地毯；你买国产车，我买进口车……就是在这样一种畸形自尊心理的支配下，他们攀比得红了眼，有的不惜血本借债，甚至以牺牲事业为代价，也要与人决个高低。

攀比动机缘于人的虚荣心理，其后果可使人变得缺少理智，在关键决策时失去良机。这也是创富者必须正确认识的问题之一。

钱可用，不可浪费

> 钱可以用，但不可以浪费。
>
> ——李嘉诚

一次在取汽车钥匙时，李嘉诚不慎丢落一枚2元硬币。硬币滚到车底。当时他估计若汽车开动，硬币便会掉到坑渠里。李嘉诚及时蹲下身欲拾取。此时旁边一名印度籍值班见到，立即代他拾起。李嘉诚收回该硬币后，竟给他100元作为酬谢。李嘉诚对此的解释是：

"若我不拾该硬币，让它滚到坑渠，该硬币便会在世上消失。而100元给了值班，值班便可将之用去。我觉得钱可以用，但不可以浪费。"

智慧
旁语

这件小事说明了李嘉诚的一种理财哲学，也说明了他的思维风格，这就是用社会总净值的增损来判断个人行为合理与否。只要社会总净值增加了，自己损失一点也不算什么；相反，如果社会总净值减少了，自己即使收获了一定的财利也是损失。

不要小觑了着眼社会总净值的思维方式，这是关系到国家富强的大问题。亚当·斯密在《国富论》中有这样一个重要论点：人以自利为出发点对社会的贡献，要比意图改善社会的人的贡献大。这样的"自利"或者说"自私"就有几分可爱了。因为如此，"自利"能给别人带来利益，自己的"利"和别人"利"加起来，社会总净值必然会增加，国家自然富强。

中国传统社会是一个"不患寡而患不均"的社会。"不患寡"，就是不怕社会积累弱；"患不均"，就是怕别人比自己好。许多人都有这样的想法：别人好了，我要想办法让他不好，虽然这样做对自己本身也没利。"内耗"的结果是没有"利"的我和没有"利"的别人组成了一个平均型的"寡"的社会。

用社会总净值衡量，也能说明制造假冒伪劣产品的行为什么可恶。制假贩假的人可能获利，但假货造成的资源和人力成本的浪费，最终造成的是社会总净值的减少。如果任其发展，势必会削弱国力。一部分借此先富起来的人和其他被剥夺了财富的人组成的是一个不均型的"寡"的社会。

李嘉诚的境界是富国的境界。他的心态既是传统文化的异质，也是不规范的市场经济文化的异质，值得我们好好揣摩。

占小便宜

> 最好的亦是最便宜的。
>
> ——富兰克林

一个人去赶集，妻子给他 1000 元钱，叫他买一匹红色的丝回来。他来到集市上，发现店铺里卖的白色丝很便宜，只要 800 元钱，心中窃喜，就买了一匹。

他带着这匹白色丝去染坊，打算把它染成红色，到了地方一问价，染费需 1000 元钱。他看看口袋，只剩下 200 元钱，就说："这 200 元钱给你，这匹丝值 800 元钱，也给你，就当染费吧。"

智慧
旁语

走向高层次：这是你做任何事情时都应遵循的规律，包括到商店买东西时也一样。许多人因在花钱上想占小便宜，而吃了大亏。

这样的例子很多，如一个人因雇用了一名低薪水的会计，结果财务

上出现了漏洞，还有人因找一位收费低的医生看病，结果得到的是完全错误的诊断，还有因装修房子、住旅馆、购买货物时图一点小便宜而吃了大亏的例子。

有人会说："我哪买得起那些昂贵的东西呀？"对这个问题，回答很简单，你更付不起"贪小便宜吃大亏"的代价。从长远来看，那些昂贵、高档的商品要比廉价低劣产品更值得购买。用品应贵在精，而不在多。例如，买一双高级皮鞋要比买3双质量一般的皮鞋更合算。所以，你为一流质量的产品所花的代价并不比二流产品花费的大，相反，往往更小。

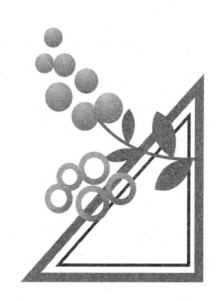

急功近利

> 最重要的是要巧妙掌握进退，也就是要胆大心细并洞察先机，倘若无法做到这两点，那么就无法成为一个成功的企业家。
>
> ——堤义明

　　从前，有一位商人刻了一个墨邱利的神像拿到市场上去卖。但是，无论他如何鼓吹自己用材多么讲究、手工多么细腻、造型多么优美，始终没有人来问津。于是，这个商人改变了自己的方针，他开始大声叫卖："卖神了！卖神了！它可以给你带来巨大的财富！它可以给你带来幸福和好运！"后来，有一个人过来问他："如果这个神像能带来财富和幸运，那么你为什么要把它卖掉呢？这岂不连幸福和好运一起卖掉了吗？"这个商人回答说："当然这个神像会带来财富，这是毫无疑问的。只不过它给人带来财富需要一定的时间，而我现在马上就需要钱。"

　　这个故事就是《伊索寓言》中的《卖神像的人》。故事里的商人是一个吹牛家，他所讲的话已远远脱离了现实。如果这个神像真的能给人带来财富和好运，那么他为什么不多等待一段时间呢？事实上，他把幸福和好运仅仅理解为眼前的金钱。

　　钱财是人人都不嫌多的东西，俗话说："人为财死，鸟为食亡。"不少人为钱财而劳苦奔波，甚至撞得鼻青脸肿也在所不惜，但是操之过急最容易损失惨重。

　　钱财若得来太易，往往就用得太快；慢慢地赚进来，反而会格外珍惜。商场上有一种现象：钱赚得快的人，容易交到朋友，也容易有赚钱机会，但生意失败了，以前的酒肉朋友，可能突然销声匿迹，请也请不回来了。另外，太容易赚的钱，许多是不义之财，得来令人心虚。

　　根据以上的经验，可以得到一个结论，那就是：金钱易得者易失之，难得者易守之，操之过急有害而无益，稳扎稳打乃赚钱的正途。

　　初入社会的人，过于急功近利，妄自尊大，一听人说有"赚钱良机"便怦然心动，自以为赚进了这笔钱，就能买到一切，成为世界的主宰。这种观念是很危险的。万一误入了别人的圈套，不但投入的资本有去无回，还可能落得倾家荡产。实在不可不慎。

 不倒的城墙

> 储蓄不但有助于建立人的自立精神，还能使人保有心灵的平静。
>
> ——卡耐基

巴比伦帝国是一个极为富有的国家。一次巴比伦国王带兵远征东方的埃兰人，这时亚述国的军队乘虚而攻，想要一举攻下巴比伦城。当时巴比伦城中只有一位老将班札尔，他带领剩下的士兵奋力抵抗。亚述国的军队一连攻了四个星期，敌军众箭齐发，重槌撞击，始终没有攻下巴比伦城。可以说，是坚牢的城墙挽救了巴比伦帝国。亚述国的军队也因这座古老的城墙损兵折将。

这则故事给我们的启示是：

时至今日，有了保险、储蓄、可靠投资等坚固城墙的保护，在遇到

随时可能降临在任何人身上的突发悲剧时，我们可以有所防卫。

每一个人都需要有妥善的保护措施。一个成功的人（获得经济上成就的人），对于金钱和物质资产的运用，谨慎预算得一如安排运用他的时间。他会拿出收入中一笔明确的费用，将其分成以下几个部分：花在衣、食、住上的费用；购买人寿保险的费用；以投资方式所作的储蓄；施舍助人，以及休闲活动的花费。

这几项花费都以严格的预算控制着。除非在极少有的危机情况下，绝不违背这预算。这样便能保证在个人收入里，存入一个明确的百分比，从而确保经济上的安定。

假如个人将所得完全用于生活用度、休闲活动，或者其他形式的花费，却不能换取某种物质上的回报，那么个人月收入百元及千元，又有什么差异？

然而，我们必须告诉你，绝大部分人正犯了这个错误。不论他们能赚多少，全有法子花得一干二净，全因为他们没有确定的预算制度来储蓄，以及适当地运用某个比例的收入。

经济安定是要通过对个人收入的谨慎预算和安排才能获得的。在金钱的花费上，需要严格的自律。通过自律，建立储蓄的习惯，它所带来的兴奋，绝对不下于花钱的习惯。

 坐吃山空

> 赚钱难，积财更难，用得聪明则最难。
>
> ——麦克瑞肯

在每年 10 月份，诺贝尔奖委员会都会公布得奖名单，诺贝尔奖之所以能受到全球瞩目，不单因为它代表着学界最高的荣誉，其主要的原因还是因为每个受奖者可获得高达 100 万美元的奖金。

诺贝尔基金会每年发布五个奖项，因而每年必须支付高达 500 万美元的巨额奖金。我们不禁要问，诺贝尔基金会的基金到底有多少，能够承担起每年巨额的奖金支出？事实上，诺贝尔基金之所以能够顺利支付，除了诺贝尔本人在 100 年前捐献一笔庞大的基金外，更重要的应归功于诺贝尔基金会的理财有方。

诺贝尔基金会成立于 1896 年，由诺贝尔捐献 980 万美元。由于该基金会成立的目的是用于支付奖学金，基金的管理不容许出任何差错。因此，基金会成立初期，其章程中明确地订定基金的投资范围，应限制在安全且固定收益的投资标的上，例如银行存款与公债，尤其不应投资于股票或房地产，那样会让基金处于价格涨跌的风险之中。

这种保本重于低报酬率、安全至上的投资原则，的确是稳健的做法，基金不可能发生损失的情况。但牺牲报酬率的结果是：随着每年奖金的发放与基金会运作的开销，历经50多年后，低报酬率使得诺贝尔基金的资产流失了2/3，到了1953年该基金的资产只剩下300多万美元。

眼见基金的资产将逐渐消耗殆尽，诺贝尔基金会的理事们及时觉醒，意识到提高投资报酬率对财富累积的重要性，于是在1953年做出了突破性的改革：更改基金管理章程，将原先只准存放银行与买公债的基金转向投资股票和房地产。新的资产理财观一举扭转了整个诺贝尔基金的命运，其后的40年，巨额奖金照发、基金会照常运作，到了1993年，基金会不但将过去的亏损全数赚回，基金的总资产更是成长到2.7亿多美元。

智慧
旁语

如果40年前诺贝尔基金没有改弦易辙，仍保持着以存银行为主的理财方式，今天早已因发不出任何奖金而销声匿迹了。说不定现在是由美国、日本富豪，甚至是台湾的王永庆、蔡万霖等富豪，以更高的奖金成立新的基金会，取代诺贝尔奖的地位。

诺贝尔基金会成长的历史，再次验证了理财的重要性。初期基金金额虽大，若不理财的话，耐不住长年的坐吃山空。坐吃山空的速度虽快，若善于理财的话，财富成长的速度更快，财富仍会快速茁壮地成长。

各位读者辛苦赚来的财富，在数十年后，是会像前期的诺贝尔基金逐渐萎缩呢？还是像后期的诺贝尔基金快速成长呢？关键在于你的资产

是以何种方式投资。倘若你和多数人一样，仍将多数的钱存在银行，那么请及时觉醒，为时未晚。诺贝尔基金会只因为改变理财观念，而改变一切。你是否也应该改变你的理财习惯，改以投资股票、房地产为主。让诺贝尔基金会的赢利之道开启你理财之心智，试着改变一种观念，那么数十年后，你便可望拥有亿万财富！

蹈常袭故

笨人跟他的金钱很快就分手。

——谚 语

两位同学大学毕业后，到同一家公司上班，担任类似的职位，领取相同的薪水，两个人节俭的功力也差不多，因此每人每年能存下 500 元，用于投资。所不同的是两人的理财方式，其中一位将每年节俭下来的钱都存在银行，另一位将每年存下来的钱分散投资于股票，两人共同的特色是不太去管钱，钱放到银行或股市就再也不去管它们。

40 年后，投资股票的那一位成为拥有几十万家产的富翁；投资银行存款的那一位成为"万元户"。几十万财富在今天，也可以称得上是小富翁，但是现在每次提到"万元户"，就会引起笑声。原因是今天的"万元户"已成为"无壳蜗牛"的代名词，"万元户"在今天买不起一间像样的房子，其实是贫穷人家。

那一位所谓"万元户"的贫穷人家，眼见旧时的同学兼同事，40年来薪水收入相同，节俭程度相同，最后竟然能成为富翁。反观自己，在同样条件下，赚相同的钱，省相同的钱，最后连一间房子都买不起。

直接的反应是："他一定是贪污"或者"他一定是中过什么奖"，否则一样赚钱、一样省钱，最后的财富怎么可能差那么多！差到一个变成富人，一个变成穷人。

　　通常贫穷人家对于富人之所以能够致富，较负面的想法是将富人致富的原因，归诸于运气好或者从事不正当或违法的行业，较正面的看法是将富人致富的原因，归诸于富人较我们努力或者他们克勤克俭。但这些人万万没想到，真正造成他们的财富被远远抛诸于后，是他们的理财习惯。因为穷人与富人的理财方式不同，富人的财产多是以房地产、股票的方式存放，穷人的财产多是存放在银行。

　　投资人想跻身于理财致富之林，要能在思考模式上跳脱传统思考的框框。有一个成年人不会骑脚踏车，他看到一个小孩子正在骑，羡慕地对这小孩抱怨说："小孩子身手敏捷才会骑车。"没想到小孩子却对他说："不一定要身手敏捷才会骑车。"于是小孩子教这位成年人骑车，而成年人也很快地就学会了。当成年人愉快地与这小孩道别回家时，却习惯性地推着车回家，这就是说明一个人无法突破惯性的框框的最好例子。

钱存在银行

圣经上有一则劝人善加理财的故事，叙述一个大地主有一天将他的财产托付给三位仆人保管与运用。他给了第一位仆人5份金钱，第二位仆人2份金钱，第三位仆人1份金钱。地主告诉他们，要好好珍惜并善加管理自己的财富，等到1年后再看他们是如何处理钱财的。

第一位仆人拿到这笔钱之后做了各种投资；第二位仆人则买下原料，制造商品出售；第三位仆人为了安全起见，将他的钱埋在树下。1年后，地主召回三位仆人检视成果，第一位及第二位仆人所管理的财富皆增加了1倍，地主甚感欣慰。唯有第三位仆人的金钱丝毫未增加，他向主人解释说："我尊敬的主人，我就是害怕您给我的金钱运用不当而遭到损失，所以将钱存在安全的地方，今天将它原封不动奉还。"

地主听了大怒，并骂道："你这愚蠢的仆人，竟不好好利用你的财富。"

这则故事是圣经中的例子，第三位仆人受到责备，不是由于他乱用金钱，也不是因为投资失败遭受损失，而是因为他把钱存在安全的地方，根本未好好利用金钱。

钱存在银行是当今国人投资理财最普遍的途径，同时也是国人理财所犯的最大错误。因此，这里要告诉读者一个最重要的理财守则是：钱不要存银行。

多数人认为钱存在银行能赚取利息，能享受到复利，这样就算是对金钱做了妥善的安排，已经尽到理财的责任。事实上，利息在通货膨胀的侵蚀下，实际报酬率接近于零，因此，钱存在银行等于是没有理财。

每一个人的理财最后能拥有多少财富，难以事先预测，唯一能确定的是，将钱存在银行而想致富，难如登天，试问："你曾听说有单靠银行存款而致富的人吗？"将所有积蓄都存在银行的人，到了年老时不但无法致富，常常连财务自主的水平都无法达到，这种例子时有所闻。选择以银行存款作为理财方式的人，其着眼点不外乎是为了安全，但是读者必须了解：钱存在银行是一种短期最安全，但长期却最危险的理财方式。

赚多少，用多少

> 一粥一饭，当思来处不易；半丝半缕，恒念物力维艰。
>
> ——朱柏庐

一位富翁待人非常大方，乐善好施，人们都以为他的生活很奢华。有一天他带着佣人出去散步，看到地上有一根线，他弯腰拾起，告诉佣人说："这根线好好的，还可以用。"然后放进口袋中。世人常以为待人刻薄才是节俭之道，其实不然，待人刻薄，只是吝啬，事实上这位富翁拾起一根线的行为才为"节俭"作了最好的诠释。

智慧
旁语

我们应留意原来疏忽的小事，一张纸，一根线，都不要轻易丢弃。这个习惯不但能帮助我们节省不少不必要的开支，而且还能帮助我们养成对万事万物的感谢之心。

人的一生，不可能总是平静无波的。一旦发生变故，就得立刻设法

补救。存钱的目的，就是为了应付这些"旦夕祸福"，谁能说节省不是当务之急呢？

一个没有储备的国家，就不成其为国家，没有储蓄的家庭，也很容易陷于风雨飘摇之境。有很多人不了解节省的真正意义，执著于"赚多少，用多少"的洒脱，这大概是未能分辨吝啬与节省所致吧！

家庭的积蓄，可以预防各种临时事故。国家的节约，可以促进社会的发展，保障民生的安定。古人崇尚勤俭持家，原因就在此！能增进国家财富的节约，与"拔一毛而利天，吾不为也！"的吝啬，是绝对不能混为一谈的。

小气生财

尼克森奉行大萧条时期"用到坏、穿到破、没有也要过"的信条已经有许多年了，他觉得简朴的人生也是富裕的人生，他曾编辑、出版了一份《吝啬家月报》。

每个星期天，尼克森还主持CFRA电台的"省下来的就是你的钱"节目，与听众分享"吝啬"之道，并当空中顾问。他说，那些从20世纪30年代活过来的人，有些东西总是一用再用，能用多久就用多久，实在看不惯现在这个随用随丢的社会。

他在月报里提供了十项省钱致富的小秘诀：

1. 不断从薪水中拨出部分来存入银行，5%、10%、25%都可以，反正一定要存。

2. 搞清楚你的钱每天、每周、每月流向哪里，也就是要详细列出预算与支出表。

3. 检查、核对所有的收据，看看商家有没有多收费。

4. 信用卡只保留一张，能够证明身份就够了，欠账每月绝对还清。

5. 自带饭菜上班，这样每周约可节省45加元的午餐费，每年就可以省下将近2200加元付房屋贷款或存作退休基金。

6. 与人合乘或乘公共交通工具上下班，节省停车费、汽油费、保险费、汽车的耗损以及找停车位的时间。

7. 多读些有关修理、投资致富的实用手册，最好从图书馆借，或从因特网下载，省钱。

8. 简化生活，房子不应太大，买二手汽车，到廉价商店或拍卖场等处购物。

9. 买东西时别忘了想想"花这钱值不值得"。便宜货不见得划得来，价钱贵的也不一定能保证质量。

10. 绝对要砍价。你不提出，店家绝不会主动降价卖给你东西。

智慧物语

与尼克森致富方式相仿的还有另一位"吝啬专家"叫达希·珍，别号"狂热节俭家"，自费出版《完全守财奴月报》已达6年之久，向读者提供了无数省钱致富的生活小秘诀，包括如何自制营养可口又便宜的浓汤，配上面包，当做一餐。

这两位另类致富专家强调，你省下来的一块钱，大于你赚进的一块钱。达希·珍说，如果你想赚钱，不外乎"找更高薪酬的职业"和"多省点钱"两条渠道。她说："我的不少读者告诉我，他们都采取了第二条渠道，实现了梦想。"

为什么高薪职业不见得让人富有呢？尼克森举了一个例子：一位部长助理级的官员有15万加元的年薪，但为了维护高官的面子，花在衣

着、汽车、应酬、停车、保险、豪宅上面的钱所占比例实在太大，其实存不下钱。

尼克森指出，想通这一点以后，他辞职另谋"低"就，过简单一点的日子，反而比以前存了更多的钱。真正有钱的人不会住在最扎眼的高级地区，而常常住在普通住宅区；也不会开昂贵的豪华汽车，并且不到最后关头不会换新车。更重要的是，有钱人都懂得节省了投资。

达希·珍还建议，为了节省棺材和丧葬费用，干脆连身体都捐给科学界，以作解剖研究。

精打细算

> 节俭是商业成功的必需条件。商人一定要严格要求自己不浪费，不论是在私生活上，还是业务上。要先赚钱，再考虑花钱。
>
> ——保罗·盖蒂

19世纪石油巨头成千上万，最后只有洛克菲勒独领风骚，其成功绝非偶然。有关专家在分析他的创富之道时发现，精打细算是他取得成就的主要原因。

洛克菲勒踏入社会后的第一个工作，就是在一家名为休威·泰德的公司当簿记员，这为他以后的数字生涯打下了良好的基础。由于他在该公司的勤恳、认真、严谨，不仅把本职工作做得井井有条，还几次在送交商行的单据上查出了错漏之处，为公司节省了数笔可观的支出，因此深得老板赏识。

后来，洛克菲勒在自己的公司中，更是注重成本的节约，提炼加仑原油的成本也要计算到第3位小数点。为此，他每天早上一上班，就要求公司各部门将一份有关净值的报表送上来。经过多年的商业洗礼，洛克菲勒能够准确地查阅报上来的成本开支、销售以及损益等各项数字，并能从中发现问题，以此来考核每个部门的工作。1879年，他质问一个炼油厂的经理："为什么你们提炼一加仑原油要花1分8厘2毫，而东部的一个炼油厂干同样的工作只要9厘1毫？"就连价值极微的油桶塞子他也不放过，他曾写过这样的信："上个月你厂汇报手头有1119个塞子，本月初送去你厂10000个，本月你厂使用9527个，而现在报告剩余912个，那么其他的680个塞子哪里去了？"洞察如微，刨根究底，不容你打半个马虎眼。正如后人对他的评价，洛克菲勒是统计分析、成本会计和单位计价的一名先驱，是今天大企业的"一块拱顶石"。

智慧隽语

在现代商人、企业家中，不少人对这种精打细算的节俭作风不以为然，还认为太迂腐，太苛刻自己。有些暴发户，事业发展了便逐渐丢掉了经商的根本，仅把挥霍金钱作为生活的目的。他们不仅花费巨资换取物质生活的舒适，更重要的是企图用钱买回自我优越感，于是炫富摆阔，奢靡无度，唯恐钱多了无处花。可以断定，这种生活方式，即使家有万金，也会"坐吃山空"。

在现代商场上，经营者手中的钱，虽与资本在本质上有一定区别，但其运作形式却是一致的。只有把手中的钱再合理地运用到经营活动中，才能获得更高效益，赚到更多的钱。所以要想使自己的优裕生活得到保障，就不应一时心血来潮，盲目花费，要增加积累以拓展生意，必须从开源和节流两方面入手。奢侈是一种落后愚昧的心态和意识，是同文明进步的世界潮流背道而驰的。

轻忽身边的价值

> 黄金闪闪发光——即使在泥土中也是这样。
>
> **——犹太谚语**

在一座花园里，一只公鸡发现土里埋着一颗闪光的珍珠，它以为是什么好吃的东西，就把珍珠刨出来，费力地想把它吞下喉咙。可当公鸡发现这颗闪闪发光的珍珠并不是好吃的谷粒时，它马上就把珍珠吐了出来。公鸡仔细地看了看珍珠——这是什么东西啊？这时珍珠对公鸡说："我是一颗珍贵的珍珠，是从一串美丽的项链上脱落下来的。这个花园里只有我一颗珍珠，就是大海里像我这么美的珍珠也很少见。一个人想要找到一颗珍珠就像在大海里捞针一样难，而命运却让我来到了你的脚下。如果你能用智慧的眼光看我，你就会发现我是多么美丽而珍贵。"可公鸡却傲慢地答道："有什么了不起，如果谁给我一颗谷粒，我马上就拿你去交换。"

　　西谚说："废物堆中，经常能找到钻石。"这句话的意思是说，如果将废弃不用的东西，好好利用，可以赚到不少利益。能赚钱的人，不只是实业家，实业家也并不是人人都做得来的。普通人致富的最佳方法就是做个拾荒者，乘着人弃我取的原则，妥善利用废物来赚钱。

　　铺马路用的柏油，是石油经过提炼后所剩的糟粕；风行一时的果核项链，是利用没有用的果核制成。诸如此类化腐朽为神奇的实例，真是不胜枚举。我们如果肯动脑筋的话，随便什么东西，都可能是创造奇迹的原料。你何不把眼睛擦得雪亮些，做个富有创意的拾荒者呢？

贫富之别

　　若和布若差不多同时受雇于一家超级市场，开始时大家都一样，从最底层干起。可不久爱若受到总经理青睐，一再被提升，从领班直到部门经理。布若却像被人遗忘了一般，还在最底层混。终于有一天布若忍无可忍，向总经理提出辞呈，并痛斥总经理狗眼看人低，辛勤工作的人不提拔，倒提升那些吹牛拍马的人。

　　总经理耐心地听着，他了解这个小伙子，工作肯吃苦，但总是觉得他缺少了点什么，缺什么呢？三言两语说不清楚，说清楚了他也不服，看来……他忽然有了个主意。

　　"布若先生，"总经理说，"您马上到集市上去，看看今天有什么卖的。"

　　布若很快从集市回来说，刚才集市上只有一个农民拉了一车土豆卖。

　　"一车大约有多少袋，多少千克？"总经理问。

布若又跑去，回来说有 10 袋。

"价格多少？"布若再次跑到集上。

总经理望着跑得气喘吁吁的他说："请休息一会吧，你可以看看爱若是怎么做的。"说完叫来爱若对他说："爱若先生，你马上到集市上去，看看今天有什么卖的。"

爱若很快从集市回来了，汇报说到现在为止只有一个农民在卖土豆，有 10 袋，价格适中，质量很好，他带回几个让经理看。这个农民过一会儿还会弄几筐西红柿上市，据他看价格还公道，可以进一些货。这种价格的西红柿总经理可能会要，所以他不仅带回了几个西红柿作样品，而且把那个农民也带来了，他现在正在外面等回话呢。

总经理看一眼红了脸的布若，说："请他进来。"

目光远大的人很容易致富，心浮气躁的人多半贫穷。因为眼光远大的人，关心的是百年大计，如同春天播种秋天收获一样，将目标订立在一个遥远的未来，然后辛勤工作，直到时机成熟。而心浮气躁的人，总嫌春种秋收过于缓慢，于是有人拔苗助长，也有人干脆不播种，这两种做法，都违背了大自然的美意。

守株待兔的人，似乎比辛勤工作者聪明，然而不劳而获的运气，毕竟不是天天都能有的。年年适时耕耘，适时收获，这才是放长线钓大鱼，源远流长之计。

贫富之间的分别，乍看之下，似乎相差很远，事实上，要贫要富，全在于个人的眼光是否远大。

 盲人骑瞎马

> 智力的最大任务是识别并抓住真正的机会和可能性。
>
> ——杜　威

南宋绍兴十年七月某日，临安（今杭州）城中失火，不多时火势便蔓延半城，烧毁屋宇数万。有一位姓裴的富商，在闹市开设当铺、珠宝店。当日，火势既起，其店业皆在烈焰中。裴老竟弃之不顾，命店里的伙计全部撤出，迅速前往长江沿岸采购木材、毛竹、砖瓦、石灰等物，无论多寡优劣，全部平价购入。翌日火灭，朝廷颁旨：商贾经售营造用材皆得免税。且灾后城内亟待重建，竹木砖瓦等价格陡涨。裴老转手之间获利数倍，远远超过了火灾中焚毁的资财。

智慧箴语

金钱诚然可贵，而深谋远虑却更可贵。用 5 元钱的广告，创造 100 元的价值，是很容易做到的事；甚至用 50 元的广告，换取 10000 元的利益也不是不可能的。认为做不到的人，便永远不敢尝试，而深谋远虑

的人，却可以用行动来证实其可行性。

用5元钱的广告去赚100元的人，除了那5元钱本钱外，其余95元都是靠头脑赚来的；而用50元广告赚10000元的人，就有9550元是靠头脑赚来的。所以，深谋远虑比金钱更为可贵。用小资本经营事业的人，要谨记这个原则。

没有先见之明的人，做任何事都不容易成功。有些眼光锐利的人，用很少的资本，就能发展很大的事业，这就是由于他们有超乎寻常的先见之明。

没有努力是不会成功，但努力如果没有"先见之明"做先导的话，等于盲人骑瞎马，仍然是徒劳无功。

除了事业的发展，个人的经济观点也需要借助于这种能力。譬如，买股票时，要能预先明了股市的波动才能赚钱。此外，对土地和房产，这些不动产，有眼光的人，如果选对了地点的话，5年、10年之后，一定能狠狠赚上一笔。

我们要知道，先见之明，并不是与生俱来的能力，任何人只要多花一点心思，去研究自己所想了解的行情，都能成为一个具有先见之明的人。

快不一定好

> "速成致富"的计划是行不通的。如果真能成功的路，那地球上的每一个人，都会成为百万富翁了。
>
> ——保罗·盖蒂

有一个旅行者，事事都讲求速度，他几乎随时都在计算自己浪费了几分钟的时间。

一天，他口渴了，好不容易找到一口井，喝足了水后，他灵机一动，何不把身上带的饭团一块儿吃了，这样就免得每次吃完饭团后，又得重新找水漱口，浪费时间。于是，他立刻从行囊里取出饭团，不料，才咬了一口，就有一只不识相的蜜蜂飞来，叮了他一下，他觉得很痛，手一松，饭团掉在地上，那个被弄脏的饭团已经不能吃了，他非常心疼，却也无可奈何，只好牺牲了这一顿饭。

对于心想快速致富的人，我们的忠告是：投资理财并不适合你。因

为，投资理财是个慢工出细活、欲速则不达的事。利用投资创造财富的力量，虽然比我们想象的要来的大，但是所需的时间却比想象的来的久。

投资理财能够缓慢而稳健地致富，但是用小钱投资，想在短时间内赚取百万的财富，我们可以在此斩钉截铁地说："不可能!"试想，母亲能不经过怀胎十月而生出婴儿吗？农夫可否缩短稻苗成长的时日？财富的增长与生命的成长一样，均是点点滴滴、日日月月、岁岁年年在复利的作用下形成的，不可能一步登天而快速成长的。这是自然界的定律，上天从不改其自然法则。

多少投资人在一夕间赚得大钱，也在一夕间破产，其成功是由于侥幸，其失败之因在于"可能侥幸一时，但不可能经常侥幸"。任何一夕致富的投资机会，必定潜藏着更高的一夕致贫的风险。这就是为什么要想靠理财一夕致富者之中大多数的下场是血本无归或倾家荡产的原因。

只要耐得住性子，将资产投资在正确的投资标的上，不需要操作也不需要操心，自然会引领财富成长，假以时日成为亿万富翁是十拿九稳之事。对投资理财而言，欲速则不达、"快"一定不好!

为什么而工作

> 一项只能赚钱的事业是一种可怜的事业。
>
> ——亨利·福特

一个欧洲观光团来到非洲一个叫亚米亚尼的原始部落。部落里有一位老者，穿着白袍盘着腿安静地在一棵菩提树下做草编。草编非常精致，它吸引了一位法国商人。他想：要是将这些草编运到法国，巴黎的女人戴着这种草编的小圆帽挎着这种草编的花篮，将是多么时尚多么风情啊！想到这里，商人激动地问："这些草编多少钱一件？"

"10块钱，"老者微笑着回答道。

"天啊！这会让我发大财的。"商人心喜若狂。

"假如我买10万顶草帽和10万个草篮，那你打算每一件优惠多少钱？"

"那样的话，就得要20元钱一件。"

"什么？"商人简直不敢相信自己的耳朵！他几乎大喊着问："为什么？"

"为什么？"老者也生气了，"做10万顶一模一样的草帽和10万个一模一样的草篮，它会让我乏味死的。"

商人还是不能理解，因为在追逐财富的过程中，许多现代人忘了生命里金钱之外的许多东西。或许，那位荒诞的亚米亚尼老者才真正领悟了人生的真谛。

大多数人总为了实现欲望而最终变成是为钱工作。他们认为钱能买来快乐，可用钱买来的快乐往往是短暂的，所以他们不久就需要更多的钱来买更多的快乐、更多的开心、更多的舒适和更多的安全。于是他们工作又工作，以为钱能使他们那被恐惧和欲望折磨着的灵魂平静下来，但实际上钱无法满足他们的欲望。

富人也是如此。事实上，许多人致富并非出于欲望而是由于恐惧，他们认为钱能消除那种没有钱、贫困的恐惧，所以他们积累了很多的钱，可是他们发现恐惧感更加强烈了，他们更加害怕失去钱。许多已经很有钱的朋友，还在拼命工作，甚至有些百万富翁比他们穷困时还要恐惧。这种恐惧使他们过得很糟糕，他们精神中虚弱贫乏的一面总是在大声尖叫：我不想失去房子、车子和钱给我带来的上等生活。他们甚至担心一旦没钱了，朋友们会怎么说。许多人变得绝望而神经质，尽管他们已经很富有了。

如果你能富有热情地工作，如果你能富有创意地工作，你就不会觉得工作是困难的。只有当我们的信念系统出了毛病，我们的工作才会变得困难重重。如果生活艰难、没有成就感、沉闷，而又厌烦，它之所会变成如此，我们自己也应负责任。我们害怕失败，却不知道生活里的唯一失败，就是为钱工作。我们应该像那位亚米亚尼老者一样，重新唤醒我们对世间美的憧憬，并且充分发挥我们创造和追寻安详的天赋能力。我们具有把财富注入我们生活里的能力，只要我们改变我们的思想方式，就一定能轻易达成。我们要肯定我们有享有乐趣、成功、轻松愉快达到目的的权利和能力。

金钱第一

> 人并非单为他一人生活于这会朽坏的身体中，为他的缘故而工作。他也是为尘世上一切人而生活的，不仅如此，他活着，只是为了别人。
>
> ——马丁·路德

一只燕子为了筑巢，飞到羊身上去寻少许的羊毛。羊愤怒地跳来跳去。"你为什么对我这样吝啬?"燕子说，"你允许牧人把你的毛通通剪光，可连一小撮毛都拒绝给我。这是为什么?"

羊愤怒地回答："因为你不像牧人那样懂得用好的方法来取我的毛。"

智慧隽语

想挣钱和发财是现代人的基本愿望。可是许多人的挣钱方法太落后了，"金钱第一"的人因被钱迷住，忘了这样的道理：不播种生长钱的种子，钱是不会自动来的。

金钱的种子就是服务。这就是说"服务第一"的态度可以创造财富，把服务放在首位，金钱自会滚滚而来。

热心提供优良服务的服务员不必担心他们的小费，而一个对顾客的需求视而不见的服务员，结果是得不到任何小费的。

总是把信件整理得井井有条的秘书，将来她的薪水一定不错。而一个总是抱着"这些信件稍微乱一点有什么关系，我每月的薪水才这么一点，他们还指望得到什么呀？"这样想法的秘书只会停留在每月"那么一点儿"薪水的阶层上。

你不但要树立"服务第一"的观点，而且还要养成习惯，经常给别人提供比他们预料的更多的服务，这一点点额外的小事就是对金钱的投资，你会得到意外的收获。自愿早上班、晚下班，帮助公司分担一些繁重的工作，这也是投资，给顾客提供正常范围以外的服务也是投资，因为它会使顾客再来。同样，提出一种提高效率的新想法也是一种投资。

投资，无疑会带来利润；提供服务，也同样收获金钱。每天问自己："我如何才能为别人做更多的事情呢？"把服务放在第一位，金钱自会到来。

 谋食不谋道

> 我们该把我们的工作视为我们赚来的自由自在，而不是如许的金钱。
>
> ——罗斯福

一位退休的老人，在乡间买下一座宅院，打算安度晚年。不幸的是，在这宅院的庭园里，有一株结实累累的大苹果树。

邻近的顽童，几乎是夜以继日地来拜访这株苹果树，顺手带来的礼物则不外乎是石头或棍棒。

想安享安静的老人，常在玻璃被击破，或不堪喧闹之扰时，走到庭院中驱赶树上或园中的顽童，而顽童回报老人的，则是无数的嘲弄及辱骂。

老人在不堪其扰之余，想出一着妙计。有一天，当他如往常一样，面对满园的顽童时，他告诉孩子们，从明天起，他欢迎顽童们来玩，同时在他们要离去前，还可以到屋子里向老人领取1元钱的零用钱。

孩子们大乐，如往常一样地砸苹果，戏弄老人，又多了一笔小小的

零用钱收入，天天来园中玩得乐不思蜀。

一个星期过去后，老人告诉孩子们，以后每天只有 5 毛钱的零用钱，顽童们虽然有些不悦，但仍能接受，还是每天都来玩耍。

又过了一个星期，老人将零用钱改成每天只有 1 毛钱。孩子们愤愤不平，群起抗议："哪有这种工作，钱越领越少，我们不干了，以后再也不来了。"

从此老人的庭园恢复了往日的幽静，苹果树依然结实累累，不再遭受摧残。

智慧隽语

聪明的老人对付顽皮的小孩，在原本只为了兴趣而产生快乐的事情上加入酬劳，再假以时日，使酬劳逐渐降低，终于使顽童们对此失去兴趣。原来能够使自己快乐的游戏，也因酬劳的失去，而再也没有任何乐趣可言。或许不只小孩是这样，在我们许多工作上也常能发生这种事，因为金钱的缘故，而使我们原本热爱的工作失去了魅力。

然后，人们开始诅咒金钱是万恶的，因为加入金钱，而使得单纯的兴趣不再有意义。事实上，金钱非善也非恶，贪财才是万恶的根源。

真正犯错的，并不是金钱，而是我们对工作与金钱的态度是否正确，是我们对付出与获得的看法能否达观。

我们可以重新去审视自己的工作，清楚地分析出自己为何要从事这项工作，而这项工作的终极目的何在。然后回想自己从事这项工作时，最初的心愿，紧紧把握住这份"初心"，就不会被起伏不定的酬劳所迷

惑，从而能由工作中获致最大的乐趣。

　　莫为金钱所产生障眼法，而使我们原来单纯热爱工作的本质丧失了。时时弄清楚自己的定位，就能在工作及日常生活中获得极大的快乐，而这份快乐，也将为我们带来更多的朋友，更大的财富。

有钱之后

人必须做个抉择：要有丰富的物质呢，还是要能自由利用物质。

——伊凡·伊利奇

有一次，心理学教授和一位相当成功的银行家在餐馆相遇，银行家说："你是多么令人羡慕！你有这么多时间可以轻松过日子，什么都不必考虑，你的生活方式真是理想极了。"

心理学教授回答："你也可以'买到'这种生活方式，或许，你可以考虑休息几个月，不要工作。"其实，银行家是可以做到的。

然而他说："不行，我身不由己。我必须赚钱维持在纽约的房屋、现在的住家，以及佛罗里达的度假别墅。另外还有小孩子的保姆费，以及私立小学的费用。我有一大群人要养，必须继续工作下去。"

　　我们常常猜想，富有的人是快乐的。我们也猜想，如果我们有钱，就会有更多时间做真正想做的事。但是，我们能说服自己吗？不管我们是不是真的富有，我们能否就认为钱已经是够了，而放弃手上的工作，去做我们那些真正想要做的事情呢？

　　我们了解大多数人都像银行家一样，我们所拥有的财富，只给我们增加了物质上的责任。我们的钱财为自己带来更多忧虑、烦恼，而不是我们一直认为金钱能够买得到的解脱。

　　不要再把金钱看成一种物质的东西，不要再将其视之为一种较多或较少、很多或不足、使我们富裕或贫穷的东西，要把金钱看做一种可以让你顺利过活的基本要素，看做一种工具，借此工具，你可以做你想做的事，可能拥有一些能带来喜悦的东西，可以去体验一些能够加强自己能力的事情。

　　如果你不再视金钱为某种具体的东西，而是某种能源的时候，你在这方面就可以有较好的选择。你的金钱观可以像你看待食物那样，你在一段时间内需要多少能量，你就摄取多少营养。食物与金钱类似。你当然需要一定的量维持生活并茁壮成长，但是超过这个量时，你就必须想一些其他的办法消耗这些能量，否则你将负担沉重。如果你对金钱保持一种不即不离的态度，一种不会妨碍你追求自我表现的态度，你将会发现自己的钱恰恰好，不多也不少。

9 丧失满足感

财富在于满足者的心中。

——穆罕默德

一位皇帝有病在身，他说："谁能把我的病治好，我就给他半个国家。"智士们聚在一起议论，怎样才能把皇帝治好。其中有一位智士说，皇帝是可以治好的。他说，如果能够找到一个快乐的人，把他身上的衬衫脱下来给皇帝穿，皇帝就会康复。于是皇帝派人到全国各地去找快乐的人，使臣们奔走了很久，却连一个快乐的人也找不到。没有一个人是心满意足的。这个人富裕，但是有病。那个人健康，但是穷困。有的人既健康又富裕，可是妻子不好，或者孩子不好。人人都有不满足的地方。

一天夜里，王子从一间农舍旁走过，忽然听见屋里有人说："感谢上帝，我干完了活，吃饱了饭，现在躺下睡觉，还有什么不满足的啊？"王子高兴极了，立刻下令脱下这人身上的衬衫，他要多少钱就给他多少钱，然后把衬衫呈献给皇帝。使臣们来到这个快乐的人跟前，要

脱去他身上的衬衫，不料他竟穷得连一件衬衫也没有。

每个人都有自己的想法，虽然从人性的根本上来说是相同的，但还会有某些不同的地方。

以感情为例，两个脾气非常暴躁的人之间一定有某种程度上的差别，不会完全相同。

财富也是一样，同样是得到100万，有的人会认为这是一笔庞大的财富，有的人却视若无睹；又如买奖券赢得彩金100万与自己辛苦劳动所积下的100万，价值虽然相同，但感觉则完全不同。

每个人的满足感都不同，如果是自己流下血汗所贮存的金钱，无论金额多少，都是一笔值得夸耀的财富。

对财富的看法会因人而异，凭自己的努力所获得的财富，对自己而言，这笔财富无论金额多少，都是值得夸耀的。

别为金钱抛弃亲情

有一个人，16岁时便和朋友来到一座大城市工作，奋斗了十几年，事业小有成就，虽然称不上富翁，但比起乡下种田的兄弟，要有钱得多。

也不知是什么心理，他对家乡的人说，从此以后不再和兄弟姊妹往来。或许是他白手创业，财富得来不易，深恐仍处于贫穷状态的兄弟姊妹拖累他。

他嘴巴这么说，而且也这么行动！财富越积越多，故乡也越离越远。有几次乡下的亲戚来到他家找他，而他竟连一顿饭也不招待，每次都借口有事躲开，甚至连他的老父亲去看他都嫌烦。

十多年来，他只回故乡一两次，然而回去并不是探望兄弟姊妹，而是炫耀他的财富。

后来，他的老父死了，老母也死了，兄长也都当上了祖父，而他自己则离了婚，年龄也向 50 大关迈进。大概是夕阳渐西，感受到了生命快到尽头的苍凉以及失去双亲和妻子后精神的孤独，他竟然主动邀请兄弟姊妹到家里做客，逢年过节，也必回故乡和亲人团聚！

乡人都说他变了。幸运的是，他的兄弟姊妹一样接纳了他。

这是一个真实的故事。在现实社会中，这种为了钱财而抛弃亲情的人很多，在这里我们告诉你，别为了金钱而远离亲情，因为只有亲情才能带给你金钱所无法取代的精神依靠和安慰！

也许你认为你很独立，感情很坚强，不在乎亲情的有无。那是因为你还年轻，当你上了年纪，便会感受到亲情那种强力的召唤，这也就是老兵们尽管行动不便也要回到老家探亲的原因。如果你在垂暮之年被兄弟姊妹拒绝，那是多么的孤独啊！

所以，当你努力赚钱，或已经赚了很多钱时，千万别抛弃你的亲人。能享受亲情的人是世上最幸福的人，而这种幸福是金钱买不到的！

真正的富人

一位虔奉宗教的人继承了一大笔财产。一般情况下，在安息日前天，太阳落山前，他就开始为安息日做准备。

一次，为了件急事，他不得不在安息日将近之时，离开家。在回来的路上，一个穷人乞求他赏点钱，好买些食物过安息日。

这个虔奉宗教的人非常生气地指责这个穷人："你怎么能直到现在才想买过安息日的食品呢？没有人会等到这个时候，你一定是在骗我，想让我给你些钱！"

他到家后，把他遇到的这件事告诉了妻子。

"我要告诉你是你错了。"他妻子说，"在你的生活中，你从没有尝过贫困的滋味，也不知道穷是什么样子。"

"我是在穷人家长大的。我记得，很多次，差不多天黑了，到了安

息日的时候，我父亲还在为寻求一块能带回家的干面包而奔忙。对那个穷人，你是有罪的。"

这个虔奉宗教的人听了之后，又跑出来寻找那个穷人，那个穷人还在寻求过安息日的食物。这个富人给了他面包、鱼、肉和酒去过安息日。然后他还请求穷人原谅他。

倘若在你中间有一个穷人，别昧着你的良心，撒手不管。相反，你应该张开双手给他所需要的一切。

毫不犹豫地给他东西，在没有任何怨言中做完这一切。你的一切努力都会有所回报，你的一切事业都可以成功。在你力所能及的范围内永远别忘了需要你帮助的穷人，向穷人张开双手，去帮助你的穷亲友。人们通常为他们的穷亲戚而感到害臊，和他们保持着距离，否认他们是自己的亲戚。这种做法恰恰是与美德相违背的。你应该真正地去体会并了解贫穷的痛苦，使自己摆脱邪恶的压力，和饥饿者一起分享你的食物，倘若你能排除来自你心中的压力，放下指责别人的指头，丢弃邪恶的话语，以你的怜悯之心，让他们感到满足。你的光辉就会在黑暗中闪现，你心中的幽影就会消失得无影无踪，从而变得更加富有与充裕。

希望来自内心

希望在任何地方，都是一种支撑生命的安定力量。

——莎士比亚

从前有一个很有钱的人，他无儿无女，孤独的他非常害怕死后不能进入天堂。"我积累这么多财富有什么用呢？"他悲伤地想，"我究竟在为谁工作呢？"

人们劝他把自己的钱慷慨地分给穷人们，但他说："不，我将把我的钱送给一个失去了一切信念，对幸福生活感到绝望的人。"

一天，他看见一个穷人正躺在粪堆上，他穿着破旧、污秽的衣服。"这个人肯定失去了所有的希望。"富人自言自语道。他给了这个穷人100元钱，然后向他解释了他这样做的原因。

"只有死人才没有希望呢！"这个人吃惊地叫道，"对我来说，我相信上帝既然能让你这么富有，他也能很容易让你一无所有。"于是他拒绝拿取富人的钱。

这个有钱人厌烦了世上的一切，他决定去死人那里，把他的钱藏在

公墓里那些死人们中间。

随着时间的推移，富人失去了他所有的财富。这时，他太需要钱了，于是他去了公墓，挖出了他藏的钱。警察认为他肯定是个盗墓者，于是逮捕了他，把他带到城市总督面前。

"你不认识我了吗？"总督问。

"我怎么会认识像您这样显赫的人物呢？"这个富人说。

"我就是你曾经认为对生活感到绝望的人啊！你瞧，上帝帮助了我，我的命运改变了。"总督说。

这两个人紧紧地拥抱在一起。总督下命令允许这个人从公墓里拿回他的钱，并且在他的后半生里，他每天都可以得到一餐免费的饭和一份慈善的礼物。

这个富人不是出自慷慨，而是出自恐惧才行善。他的恐惧使他不能无私地给予，而要有所限制，附有条件。他觉得自己可以对别人做出判断，却不知实际上正是他自己完全放弃了生活的希望，他错误地认为希望来自财富而不是自己丰富的内心世界。

不管我们给别人的是多还是少，都应正确地培养我们的给予态度，只有这样才能让我们懂得向外给予会使我们更能认识到内心的丰富。最开始给予的时候，我们应放弃一些平时束缚我们的感觉，放弃埋怨、嫉妒、仇恨，放弃得到认同、报答、报酬、感激和合作的欲望。因为所有这些感觉会使我们过分注重外部世界，我们会想：我们是否和别人一样优秀？别人会赞同我们的意见吗？所以这些感觉会分散我们的注意力，

使我们不能专心于发掘不可见的丰富的内心世界。

当然，我们在提到给予金钱时，同时还可以提到给予爱、理解、支持、保护或食物。金钱的给予并不能代替上述其他物质或情感的给予，金钱的给予只能说在某种程度上代表了给予的本质。金钱可以代表一切在市场上买卖的物品，不管这些物品是货物或服务，都可以用钱买到，所以金钱可以购买为了满足许多不同的需要而必需的东西。但是，金钱不能买到快乐，不能买到幸福，希望也不能通过金钱来购买，希望是来自于丰富的内心世界的。

这个故事让我们认识到了给予应有正确态度的重要性。记住这一点，我们就会明白为什么这个故事中的富人虽然给予了，却被穷人又扔回他的施舍，并教训了他一通。不只是因为他给人东西，而是因为他自己觉得生活没有意思，想以此来换取死后不受罪，而且还因为他向穷人施舍的出发点是因为他觉得这个穷人已经绝望了。

给予带来富足

> 不是一个人有很多他才算富有，而是他给予人很多才算富有。
>
> ——弗洛姆

德国的一则民间传说里，有一个小姑娘，她父母双亡，无家可归。她只有身上穿的衣裳和一个好心人给她的一块干面包，除此之外，她一无所有。

然而这个小女孩却"相信上帝"，她走进了田野，在那里她遇到一个又穷又饿的人，这个人走过来，向小女孩要些吃的。她把她那仅有的面包给了他。后来又来了三个孩子，每个孩子都向她要一件不同的衣裳——一顶帽子，一个背心，一件罩衫。女孩把她的衣裳分给了孩子们。黑夜降临了，她走进树林，在那里她又碰见了一个孩子，孩子向她要衬衫。如果女孩把衬衫也送出去，她可就一丝不挂了。但她想天这么黑，就算她把衬衫给出去，也不会有人看见她的。她把最后的一件衣裳也给出去了，她赤条条地站在树林里。就在这一刹那，一颗颗闪亮的星星从夜空中坠落下来，每个星星都变成了一个泰勒（泰勒是一种货币单位，美元即由它演化而来），女孩发现她穿着用最好的亚麻做的衬衫，她捡起一个个泰勒，放进她的新衬衫里。她的余生富有并快乐地生活着。

智慧
隽语

我们每个人都害怕陷于这种状况：没有亲人，没有住处，最要命的是没有衣服和食物。当我们拥有的东西很少或害怕陷入财政危机时，我们怎能相信内心的丰富会帮我们渡过难关？我们怎能不希望得到金钱？我们怎能不希望有钱来满足我们一切急迫而现实的要求？我们能继续去发掘内心世界然后"一切（物质）的东西都将属于你"？

如果这则故事是真实的，那些造假币者也许应该赶快把他们的假钞票送出去，而不再是不分昼夜地印制。因为人们可以拥有天堂里掉下的金钱而不被抓去坐牢，这样人们都会行善，人们都会因此得到很多钱，放着这样的合法行为不做，而去印刷或买卖假钞，岂不很可笑？但我们什么时候看见星星落到地上变成金钱？什么样的供给法则会促使这样的事情发生？如果这样的事情不会发生，我们是否应放弃自己的信仰，牢牢抓住我们现实中的财产呢？

然而这个故事告诉我们，那些内心丰富，肯帮助别人的人，总会有所回报，不管这种回报的方式是理所当然，还是不可思议。他们会衣着华丽，他们会终生富有，因为他们的善行，因为他们的美德，天堂之星会从空中落下，掉在大地上，变成金钱。如果一个人意识到在他身上有一个丰富的无限循环的生命，他就不必再担心他是否有吃、有穿、有

钱。这个有着无限精力的"神"会负责满足我们的需要。也就是说，如果我们能够保持自身内心的丰富，我们必然也会照顾到自己的物质需要。丰富的内心是唯一能够使我们获得供给的源泉，金钱、房屋、衣着以及其他一切我们的精力在这个世界上显示的结果，都不能成为供给的源泉。